특별한 레시피를 원하는 홈베이커들을 위한

쿠 키

쿠키

발 행 일 2017년 09월 15일
초판인쇄일 2017년 08월 17일

지 은 이 햇찌 김미해
발 행 인 박영일
책 임 편 집 이해욱

편 집 진 행 박재인, 배소진, 심다혜, 강현아
표지디자인 박수영
본문디자인 김현진

발 행 처 시대인
공 급 처 (주)시대고시기획
출 판 등 록 제 10-1521호

주   소 서울시 마포구 큰우물로 75(도화동 538) 성지 B/D 6F
전   화 1600-3600
팩   스 02-701-8823
홈 페 이 지 www.sidaegosi.com

I S B N 979-11-254-3810-6(13590)

정   가 14,000원

"엄마~ 엄마가 해주는 쿠키가 마트에서 파는 과자, 빵보다 더 맛있어요~!"

제가 베이킹을 시작한 지 올해로 딱 10년이 되었어요. 처음 베이킹을 시작했을 때는 비교적 과정이 간단한 쿠키를 많이 만들었어요. 선물하기에 좋고, 남녀노소 누구나 좋아하는 것이기 때문에 여러 가지 쿠키를 만들어 선물도 하면서 뿌듯함을 느끼곤 했지요. 젊은 시절에는 그저 취미로 재미있어서 시작했었는데, 지금은 제 사랑스러운 두 아이를 위해서 베이킹을 하고 있어요. 아이들은 빵보다 과자를 더 좋아하는 편이라 언제나 아이들의 간식을 만들어내고 있답니다.

요즘은 딸아이가 매일 이런 말을 해요. "엄마~ 엄마가 만드는 쿠키가 마트에서 파는 과자, 빵보다 더 맛있어요~!" 이런 얘기를 들을 때면 언제나 힘이 나고 행복해요. 그래서인지 저도 틈 날 때마다 집에서 키즈 베이킹 클래스를 열어 아이들이 반죽을 섞고, 좋아하는 쿠키커터로 반죽을 찍어내고, 알록달록 스프링클로 장식하는 걸 도와주고 있어요. 또, 아이들 유치원이나 남편 회사로 쿠키를 보내면 다들 맛있다고 칭찬하니, 이 맛에 베이킹을 하는 것 같아요.

이 책에는 제가 좋아하는 쿠키 레시피를 포함해 아이와 어른, 남녀노소 모두 좋아할 수밖에 없는 특별한 레시피를 가득 담았어요. 쿠키는 홈베이킹 중에서도 제조 과정이 간단해 초보자분들도 쉽게 만들 수 있어요. 만드는 방법에 따라 쿠키커터로 다양한 모양을 찍어내는 쿠키, 반죽을 짤주머니에 담아 짜내는 쿠키, 반죽을 냉동실에 얼렸다가 일정한 모양으로 썰어서 굽는 쿠키, 반죽을 큰 틀에 담아 구워내는 쿠키, 손으로 조물조물 모양을 만들어 굽는 쿠키, 그리고 마들렌처럼 가볍고 폭신한 쿠키인 구움과자로 나뉘어져 있는데요. 어떻게 만드냐에 따라 모양, 식감 그리고 맛이 달라지는 여러 가지 쿠키를 여러분께 소개해드릴 수 있어서 전 정말 행복하답니다. 이런 제 행복이 여러분들께도 전해지길 바라면서 글을 마치려 합니다. 즐거운 베이킹하세요~!

쿠키를 만들기 위해 알아야 할 것

- 기본재료인 버터와 달걀, 우유는 사용 1시간 전에 계량해 실온에 꺼내둡니다.
- 재료는 정확하게 계량해 사용합니다.
- 박력분이나 아몬드파우더, 베이킹파우더, 베이킹소다와 같은 가루류는 체에 쳐 내려둡니다.
- 쿠키커터로 찍어내는 쿠키는 반죽이 질척하면 성형이 어려울 수 있으니 냉장실에 넣어 휴지과정을 꼭 지키도록 하고, 여름철에는 덧가루를 충분히 뿌려 빠른 시간 내에 성형합니다.
- 계란 전란을 넣을 때에는 꼭 조금씩 나눠 넣도록 합니다. 그렇지 않으면 섞는 과정에서 버터와 분리될 수 있습니다.
- 마지막에 가루류를 섞는 과정에서는 주걱을 세워서 「11」 또는 「#」을 그리며 섞습니다. 치대면서 오래 섞으면 쿠키의 바삭함이 덜할 수 있습니다.
- 쿠키는 제습제와 함께 서늘한 곳에 보관하고, 1주 이내에 섭취하는 것이 가장 좋습니다. 특히 여름철에는 더 빨리 눅눅해지므로 보관에 신경을 써야합니다.

BAKING COOKIE
CONTENTS

홈베이킹 도구 소개

■ 계량저울

정확한 계량을 위해서 꼭 필요한 도구이며 홈베이킹에서 가장 중요한 도구입니다. 가정에서는 보통 g단위로 측정할 수 있는 전자저울을 사용합니다.

■ 거품기

달걀이나 생크림의 거품을 올릴 때 주로 사용합니다. 탄력 있고, 녹이 슬지 않는 스테인리스 스틸과 같은 재질이 좋습니다.

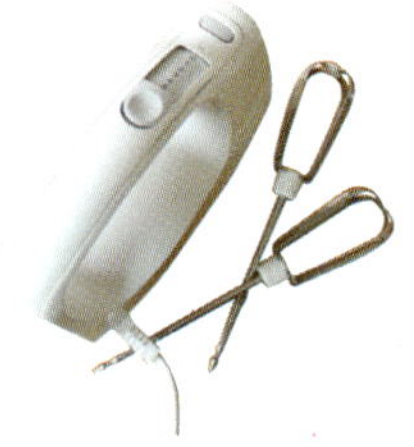

■ 핸드믹서

거품기와 마찬가지로 거품을 올릴 때 사용하는 도구입니다. 전동식 거품기이기 때문에 힘들이지 않고 빠르게 거품을 올릴 수 있습니다. 버터나 크림치즈의 크림화 과정에서 핸드믹서를 사용하면 편리합니다.

■ 가루체

밀가루나 아몬드가루 등 가루를 곱게 체 치거나, 액체를 거를 때 사용합니다. 불순물을 걸러주고, 가루 사이에 공기가 들어가 잘 섞이도록 돕습니다.

■ 믹싱볼

재료를 섞을 때 사용하는 도구입니다. 반죽 양에 따라 크기를 선택해 사용하고, 재질은 스테인리스나 플라스틱, 유리 등이 있습니다. 깊은 볼은 반죽을 섞을 때나, 핸드믹서를 사용할 때 내용물이 튀지 않아 작업할 때 편리합니다.

■ 계량스푼, 계량컵

계량스푼은 베이킹파우더와 같은 팽창제나 바닐라오일 등의 향신료를 계량할 때, 계량컵은 액상으로 된 재료를 계량할 때 사용합니다.

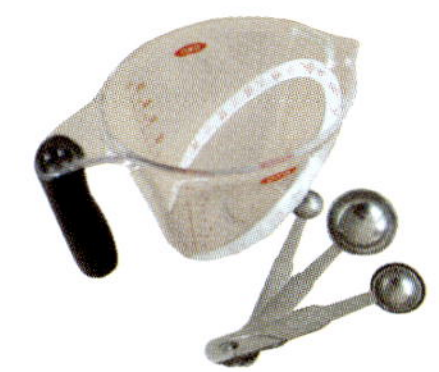

■ 주걱

재료를 섞고, 믹싱볼 안의 반죽을 깨끗하게 정리할 때 사용합니다. 주로 실리콘 주걱이나 고무주걱을 사용하는데, 실리콘 주걱은 열에 강해 커스터드크림이나 잼 등을 만들 때에도 제격입니다.

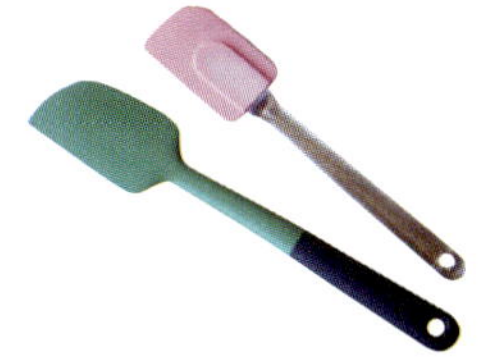

■ 스크래퍼

스콘을 만들 때 버터를 잘라 잘 섞이도록 하고, 쿠키 반죽을 분할할 때 사용합니다. 곡선으로 둥글게 되어 있거나, 각진 것이 있어서 용도에 따라서 사용하면 됩니다.

■ 식힘망

오븐에서 구워 낸 쿠키나 빵을 올려 식히는 도구입니다. 틀에서 그대로 식히면 남은 열로 더 익거나 탈 수도 있어 분리해 식혀야 합니다. 또 완전히 식혀야 쿠키가 눅눅해지지 않습니다.

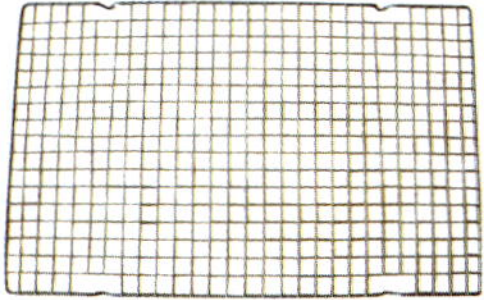

■ 스패튤러

크림을 넓게 펴 바르는 데 사용하고, 오븐에서 구운 쿠키를 옮길 때에도 사용할 수 있습니다. 크기와 모양도 다양하게 있습니다.

■ 밀대

쿠키나 타르트, 파이 등의 반죽을 넓고 일정한 두께로 펼 때 사용합니다.

■ 스쿱

쿠키 반죽을 틀에 패닝할 때 사용하면 일정한 양을 담을 수 있어 편리합니다.

■ 실리콘매트, 테프론시트, 종이호일

실리콘매트는 쿠키 반죽을 성형할 때 사용하고, 테프론시트와 종이호일은 오븐에 쿠키를 구울 때 팬에 깔아 사용합니다. 테프론시트는 반죽이 잘 달라붙지 않고, 세척이나 관리도 편해서 반영구적으로 사용이 가능합니다. 종이호일은 일회용으로 오븐 팬 위에 깔거나 틀에 맞게 잘라 사용합니다.

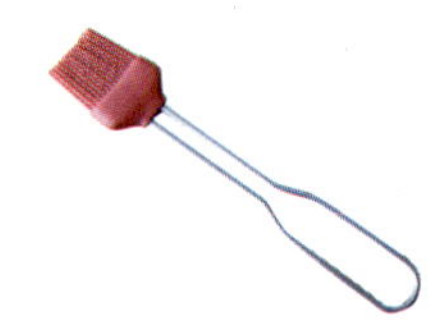

■ 실리콘 붓

쿠키에 시럽을 바를 때 또는 반죽 위에 달걀 노른자물을 바를 때 사용합니다.

■ 짤주머니, 깍지

반죽을 짜거나 크림을 짤 때 사용합니다. 비닐 짤주머니는 일회용으로 위생적이고, 천 짤주머니는 되직한 반죽을 짤 때 사용하면 좋습니다. 다양한 모양의 깍지와 함께 사용하면 여러 가지 모양의 쿠키를 만들 수 있습니다.

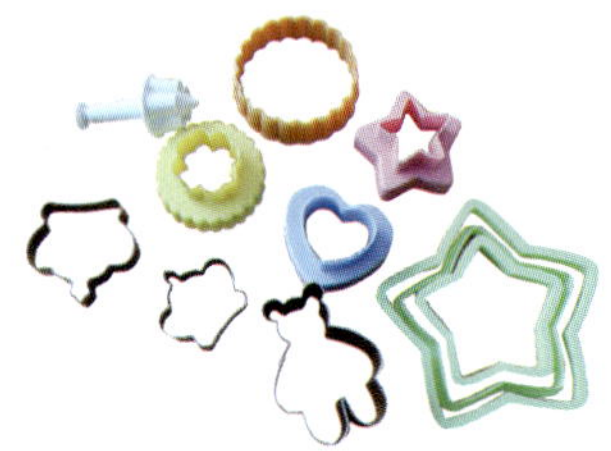

■ 쿠키커터

모양과 크기가 다양해 원하는 모양으로 쿠키 반죽을 찍어낼 수 있습니다. 스테인리스로 만든 쿠키커터는 녹이 슬 수도 있어 세척 후 말려 보관합니다.

홈베이킹 재료 소개

■ 밀가루

베이킹의 필수 재료인 밀가루는 강력분, 중력분, 박력분으로 나뉩니다. 글루텐 함량이 많은 강력분은 식빵이나 발효빵 등을 만들고, 글루텐 함량이 적은 박력분으로 쿠키나 케이크를 만듭니다. 강력분과 박력분의 중간 성질인 중력분으로 쿠키를 만들면 쫄깃함을 더할 수 있습니다.

■ 달걀

재료가 잘 섞이도록 도와줍니다. 보통 특란 크기의 달걀을 사용하며, 노른자는 약 20g, 흰자는 32g 정도입니다. 노른자에 들어있는 레시틴 성분이 수분과 지방을 유화시키기 때문에 노른자를 넣은 쿠키의 식감은 부드럽고, 흰자를 넣은 쿠키는 단단합니다.

■ 버터

버터는 가염버터와 무염버터로 나뉘고, 베이킹에서는 기본적으로 무염버터를 사용합니다. 요즘은 풍미가 좋은 발효버터나 우유버터를 쉽게 구할 수 있어 베이킹의 완성도를 높일 수 있습니다.

■ 베이킹파우더, 베이킹소다

케이크나 빵, 쿠키 등을 만들 때 사용하는 화학적 팽창제로 밀가루와 함께 체에 내려 사용합니다. 따로 넣을 경우 골고루 섞이지 않아 씁쓸한 맛이 날 수 있으니 주의합니다. 베이킹파우더는 베이킹소다에 산 성분과 전분을 섞어서 만든 제품이고, 위로 부푸는 성질이 있습니다. 베이킹소다는 베이킹파우더에 비해 쓴 맛이 많이 나기 때문에 소량 사용해야 하고, 옆으로 부푸는 성질이 있습니다.

■ 설탕

백설탕, 황설탕, 흑설탕은 베이킹에서 필수 재료입니다. 쿠키 만드는 데 단맛을 내기도 하지만, 보존 기간을 늘리는 역할도 합니다. 쿠키 색이나 향을 위해 황설탕이나 흑설탕을 사용하기도 합니다.

■ 소금

입자가 고운 소금을 사용합니다. 재료들 간에 맛의 균형을 맞춰주고, 빵과 쿠키의 맛을 잡아주는 역할을 합니다.

■ 마스카포네치즈, 크림치즈

마스카포네치즈는 티라미수나 무스케이크를 만들 때 주로 사용하는 치즈로 부드럽고, 신 맛이 적은 편입니다. 크림치즈는 크림과 우유를 섞어 만든 치즈로 신 맛과 고소한 맛이 납니다. 주로 필라델피아 크림치즈나 끼리 크림치즈를 많이 사용합니다.

■ 생크림

동물성 생크림은 우유의 진한 맛을 느낄 수 있어 고소합니다. 유지방 함량이 30% 이상 되는 제품으로 고르는 것을 추천합니다. 식물성 생크림은 작업은 편리하지만 맛이 떨어집니다.

■ 견과류

아몬드 슬라이스, 호두, 헤이즐넛 등의 견과류는 오븐에 구워서 사용하면 고소함이 더 깊어집니다. 눅눅해지지 않도록 잘 밀봉해 보관합니다.

■ 초코칩

다크, 밀크, 화이트초콜릿을 다양하게 사용합니다. 진한 맛을 위하여 커버춰초콜릿을 주로 사용하는 편이고, 쿠키에 넣을 때에는 초코칩을 주로 사용합니다.

■ 건조과일

쫀득한 식감을 느낄 수 있는 건조 과일입니다. 건크랜베리와 건포도, 건블루베리, 건무화과 등 종류가 다양합니다. 럼에 반나절에서 하룻밤 정도 재워서 사용하면 좋지만, 급한 경우에는 따뜻한 물에 3~4분 정도 불려 사용합니다. 전처리를 하면 과일이 빵의 수분을 빼앗는 것을 방지하고, 풍미와 맛도 살립니다.

■ 바닐라오일, 리큐르

바닐라오일은 베이킹을 할 때 바닐라 향을 내거나, 달걀의 비린내를 잡아주는 역할을 합니다. 향이 강하기 때문에 소량씩 사용합니다. 그랑마니에, 쿠앵트로, 큐라소 등의 오렌지술도 향이 깊어서 케이크나 디저트, 쿠키를 만들 때 많이 사용합니다.

■ 식용색소

케이크나 쿠키 반죽에 색을 내는 용도로 사용합니다. 페이스트 형태로 되어 있어 아주 소량만 찍어도 예쁜 색을 낼 수 있습니다.

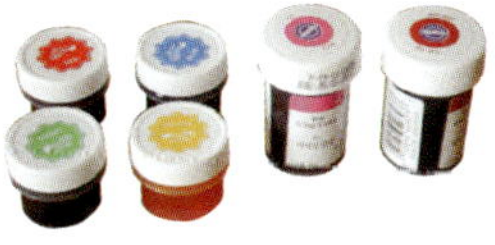

■ 스프링클

케이크나 쿠키, 초콜릿 등에 알록달록 화려하게 장식하고 싶을 때 사용합니다.

부재료 만들기

커스터드크림

커스터드크림은 달걀노른자를 이용해 간단히 만들 수 있는 크림으로 바닐라빈을 이용하면 향이 더 풍부해져 맛이 좋답니다. 달콤한 커스터드크림을 잼 대신 구운 바게트나 빵에 그냥 발라 먹어도 맛있어요.

재료

우유	200ml
설탕	65g
달걀노른자	2개
바닐라빈	1/2개
박력분	23g

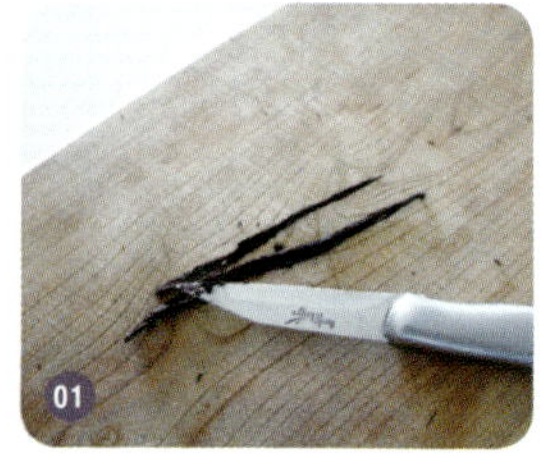

01 바닐라빈을 반으로 가른 뒤 칼로 씨를 긁어냅니다.

02 냄비에 우유와 바닐라빈 씨를 넣고 약불로 살짝 끓여 식혀 둡니다.

03 달걀노른자를 볼에 넣고 풀어준 다음 설탕을 섞습니다.

04 체 친 박력분을 넣고 주걱으로 잘 섞습니다.

05 한 김 식힌 우유를 노른자반죽에 천천히 부어 섞습니다. 우유가 뜨거우면 계란이 익을 수 있으니 살짝 식은 후 조금씩 부어 섞습니다.

06 냄비에 옮겨 담은 뒤 약불에 올려 주걱으로 천천히 저으면서 끓입니다. 식으면 더 되직한 농도가 되므로 적당한 농도가 되었을 때 불에서 내립니다.

07 완성된 커스터드크림은 랩을 밀착시켜 붙인 후 냉장실에 보관하고, 2~3일 이내에 섭취합니다.

TIP

바닐라빈이 없으면 바닐라 익스트랙으로 동량 대체 가능하고, 생략도 가능해요.

캐러멜크림

달콤한 캐러멜크림은 베이킹에 다양하게 활용돼요. 하지만, 설탕
물이 딱딱하게 굳어버리거나 자칫 탈 수 있어서 초보자분들은 실
패할 확률이 높은 부재료죠. 팁을 드리자면 냄비에 설탕과 물을
넣고 끓일 때 절대 젓지 말고, 설탕물이 갈색으로 진하게 변할 때
바로 불에서 내려 생크림을 섞어야 해요. 생크림을 넣을 때는 한
꺼번에 부어버리면 부글부글 넘쳐버리니 조심해야 합니다.

재료

생크림	180ml
설탕	180g
물	18g

01 생크림을 전자레인지용 그릇에 담고 1분~1분 20초 정도 돌려 데웁니다.

02 냄비에 설탕과 물을 넣고 중불에서 갈색이 나도록 끓입니다. 절대 젓지 말고, 보글보글 끓여 캐러멜색이 골고루 나도록 합니다. 설탕이 녹아 캐러멜색이 나면 재빨리 불에서 내립니다.

03 생크림을 조금씩 부어가며 섞다가 냄비를 약불에 올려 주걱으로 잘 저으면서 끓입니다. 식으면 농도가 되직해지므로 주르륵 흐르는 농도가 되었을 때 불에서 내려 식힙니다.

04 완성된 캐러멜크림은 깨끗한 유리병에 담아 약 한 달간 보관할 수 있습니다.

TIP

식물성 생크림을 사용하면 맛에는 이상이 없지만 분리된 듯이 하얗게 몽글몽글 올라올 수 있으니 동물성 생크림을 사용하는게 좋아요.

망고퓨레

망고퓨레는 무스케이크나 디저트, 젤리를 만들 때 주로 이용하고,
요구르트에 넣거나, 여름철 아이스크림과 빙수 만들기에 활용해도
좋아요. 신선한 과일로 만들면 맛은 물론이고 색도 더 예쁘답니다.

재료

망고	200g
설탕	20g
레몬즙	1ts

깨끗이 씻은 망고에 칼집을 내고, 과
육을 자릅니다.

냄비에 망고 과육과 설탕을 넣고 10
분간 그대로 두었다가, 으깨거나 믹
서로 갈아줍니다.

중불에 올려 주걱으로 잘 저으며 주
르륵 흐르면서 약간 걸쭉할 때까지
끓이다가 레몬즙을 넣고 불에서 내
립니다. 냉장실에서 2주 정도 보관
가능하고, 오래 보관하려면 냉동실
에 보관하는 게 좋습니다.

스트로이젤

소보로빵에 올라가는 고소한 소보로의 정식 명칭은 스트로이젤이
에요. 많이 만들어 냉동보관하고, 쿠키나 머핀을 만들 때 활용하면
좋아요. 고소하게 피넛버터나 아몬드가루를 넣고 만들기도 하는
데, 여기서는 간단하게 만드는 방법으로 소개할게요.

재료

버터	60g
설탕	60g
박력분	100g

실온의 말랑한 버터를 볼에 넣고 부드
럽게 푼 후 설탕을 넣고 섞습니다.

체 친 박력분을 넣고 손으로 비벼 덩
어리가 지도록 만들면 완성입니다.

완성된 스트로이젤은 냉동실에 보관
합니다.

쿠키 선물포장 & 팁

■ 쿠키상자

사각 종이상자는 공간이 넉넉하여 여러 가지 쿠키를 포장해서 담기에 좋고, 선물하는 쿠키 개수에 따라 크기를 결정할 수 있습니다. 컬러 디자인 종이상자도 많이 있지만, 가장 기본인 하얀 종이상자에 각기 다른색의 리본으로 묶으면 선물할 때마다 다른 느낌을 연출할 수 있습니다.

■ OPP 비닐포장

투명비닐, 반투명비닐, 예쁜 프린트가 새겨져 있는 프린트비닐 등 종류가 다양하고, 쿠키를 하나씩 개별 포장할 때 사용하면 좋습니다. 모두 같은 투명비닐에 포장하는 것보다 여러 종류의 비닐을 이용하면 더욱 예쁘게 포장할 수 있습니다.

■ 스티커

스티커는 선물 포장할 때 OPP 비닐에 붙이면 좋습니다. 핸드메이드 느낌이 물씬 나는 스티커, 띠지 형식의 스티커, 투명스티커, 금박 재질의 스티커 등 종류가 다양하기 때문에 스티커 하나로도 정성 가득한 예쁜 선물이 됩니다.

■ 종이봉투

OPP 비닐로 개별 포장한 쿠키를 종이봉투로 한 번 더 포장하면 좋고, 빵을 담기에도 좋습니다. 내용물을 담은 뒤 스티커와 리본으로 사랑스럽게 포장할 수 있습니다.

■ 방습제(실리카겔)

방습제는 쿠키가 눅눅해지지 않도록 도와줍니다. 덥고 습한 날씨나 장마철엔 쿠키가 금방 눅눅
해지기 십상인데, 보관할 때 1~2개씩 넣으면 습기제거에 좋고, 선물 포장할 때도 함께 넣으면
좋습니다.

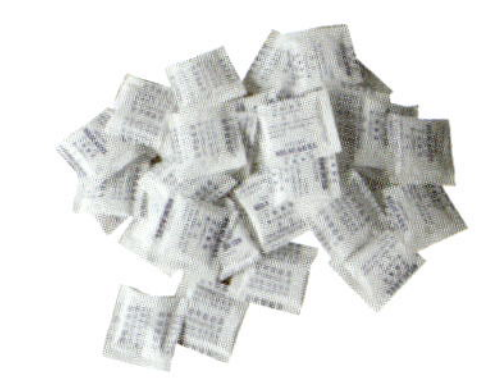

■ 베이킹 컵

작은 크기의 쿠키를 큰 크기의 봉투에 넣어 그냥 포장할 수도 있지만, 단단한 종이재질의 베이
킹 컵을 활용해 포장하면 나만의 특별한 포장이 됩니다. 마지막엔 OPP 비닐로 감싸 리본이나
타이로 묶으면 깔끔하게 마무리됩니다.

■ OPP 비닐, 캔디포장지

비스코티처럼 두께가 있고 일정한 길이의 쿠키는 OPP 비닐과 캔디나 초콜릿 포장지를 활용하
면, 깔끔함을 유지하면서 포인트가 되는 포장을 할 수 있습니다. 직접 만든 캐러멜이나 큐브쿠
키는 캔디유산지로 감싸 양 끝을 비틀어 사탕처럼 포장해도 깔끔합니다.

■ 일체형 비닐 상자

상자와 비닐이 일체형으로 붙어서 나온 종이상자에는 크림을 샌드한 쿠키나 다쿠아즈를 담아
포장해 선물하면 좋습니다. 일체형 비닐 박스가 없다면, 샌드위치를 담는 직사각형 상자와 커다
란 비닐을 활용해 포장하면 내용물이 망가지지 않게 포장할 수 있습니다.

■ 양갱상자, 무지상자

위쪽으로 열고 닫을 수 있는 구조의 상자는 양갱이나 월병과자를 담으면 좋습니다. 손잡이 상
자, 아치형 상자 등 여러 상자들 중 색과 디자인이 쿠키와 어울리는 상자를 선택해 포장합니다.

쿠키박스 리본 묶는 방법

정성스럽게 구운 쿠키를 선물하기 위해 박스에 예쁘게 리본 묶는 방법을 소개합니다. 박스가 열리지 않게 하려면 십자걸기로 리본을 확실하게 매듭지어야 합니다. 정사각형 박스는 리본이 중앙으로 오도록 하고, 직사각형 박스는 리본이 왼쪽이나 오른쪽 윗부분에 오도록 묶어주면 더 예쁩니다. 리본은 인터넷 쇼핑몰, 문구점에서 다양한 색깔과 재질로 구입할 수 있습니다. 리본 모양을 더블로 만들어 매주면 제과점에서 사온 것처럼 더욱 화려하고 예쁜 포장이 됩니다.

TIP

부드러운 공단 재질의 리본을 사용하면 더블 리본을 매기에 수월하고, 리본 폭이 15mm 이상 되는 것을 사용해야 풍성해보이고 예쁘답니다. 폭이 좁은 얇은 리본은 십자걸기를 할 때 이중으로 묶으면 좋아요.

리본 묶는 방법

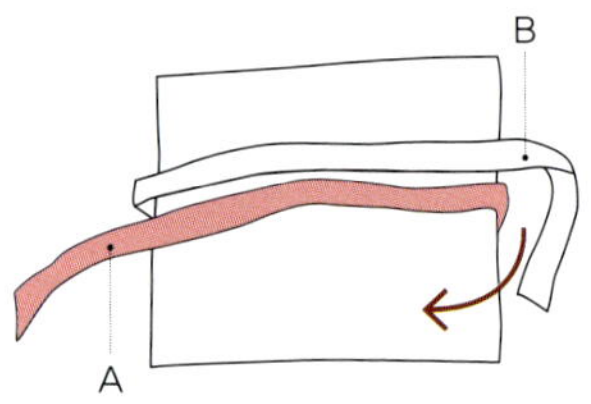

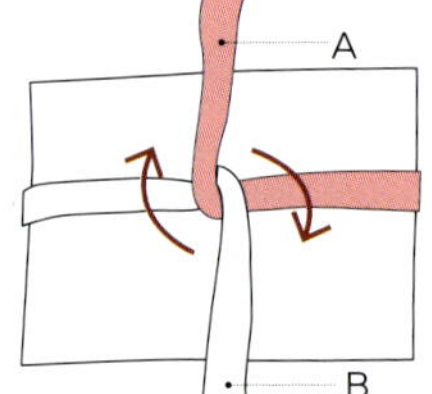

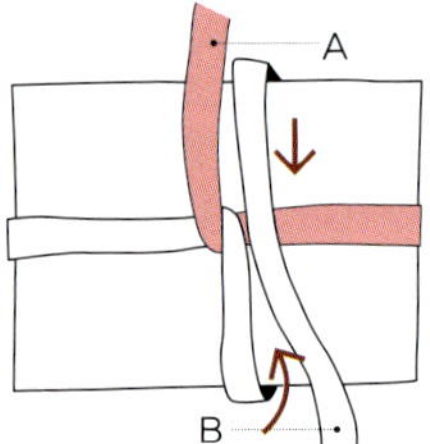

A를 상자 아래로 통과시켜 한 바퀴 감습니다.

B는 아래로, A는 위로 해 상자 중앙에서 끈을 교차시킵니다.

B를 상자 아래로 통과시켜 위로 가져옵니다.

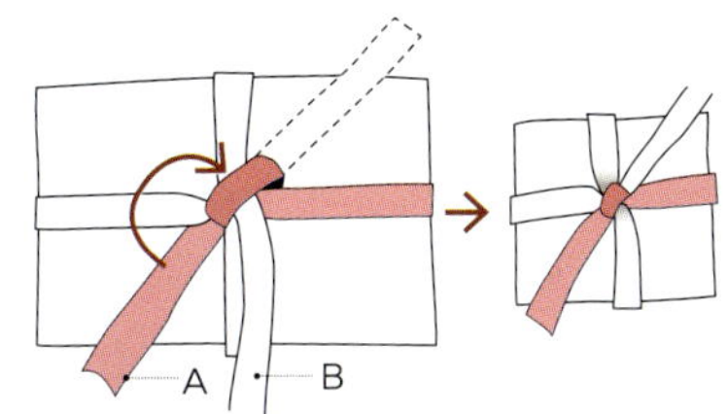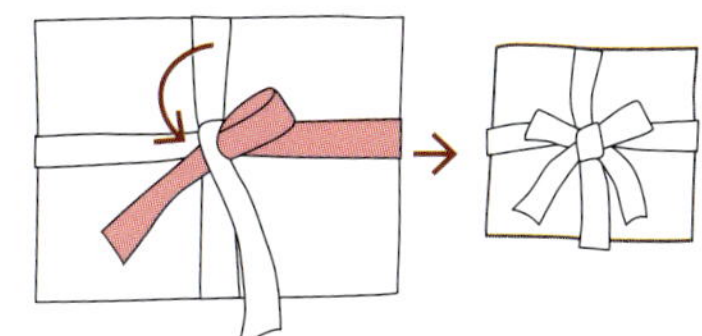

04

A를 오른쪽 위쪽으로 보내 중앙 매듭 밑으로 통과시키고, B를 다시 오른쪽 위쪽으로 보내 매듭 중앙을 힘껏 조입니다.

05

A를 먼저 접고, B로 접힌 리본을 감싸 밑에서 위로 통과시켜 리본을 묶습니다.

06

완성된 리본은 엄지와 검지를 이용해 모양을 살려주면 더 예쁘게 만들 수 있습니다.

더블 리본 묶는 방법

01

리본 오른쪽 끝단 부분을 위로 올립니다.

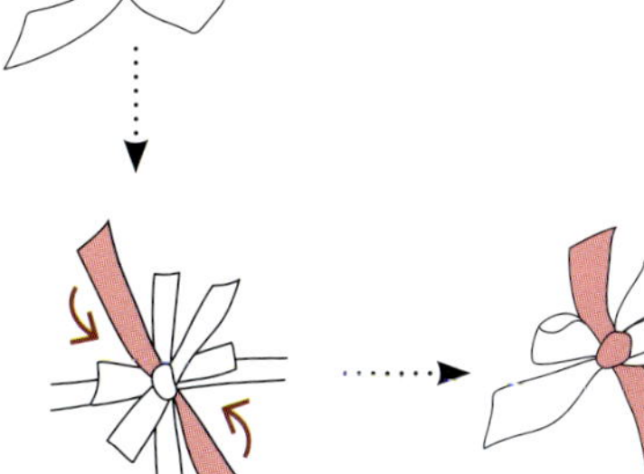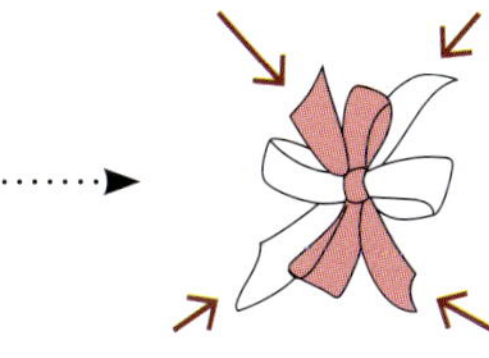

02

무늬가 똑같은 끈을 십자 리본 아래로 통과시켜 매듭을 짓습니다.

03

리본을 맵니다.

04

접힌 리본과 리본 사이에 끝단이 들어가도록 다듬고 끝단을 사선으로 자릅니다.

Part 1
달콤한 쿠키

벚꽃 쿠키

벚꽃이 만발하는 봄에 어울리는 벚꽃 쿠키에요. 라즈베리잼을 쿠키사이에 샌드했더니 모양도 예쁘고,
맛도 새콤달콤해서 자꾸 손이 간답니다. 벚꽃 구경을 할 수 없는 계절이라면 벚꽃 쿠키로 아쉬움을 달래
보세요.

분량 6.5cm 12개
오븐 170℃ 8～10분
휴지 1시간

재료

버터	120g	달걀노른자	1개	아몬드가루	30g
슈가파우더	80g	벚꽃리큐르	1/2ts	분홍색 식용색소	약간
소금	1g	박력분	170g	라즈베리잼	적당량

실온의 말랑한 버터를 볼에 넣고 부드럽게 풀어줍니다.

슈가파우더와 소금을 넣어 잘 섞습니다.

달걀노른자를 넣고 섞습니다.

벚꽃리큐르를 넣고 섞습니다.

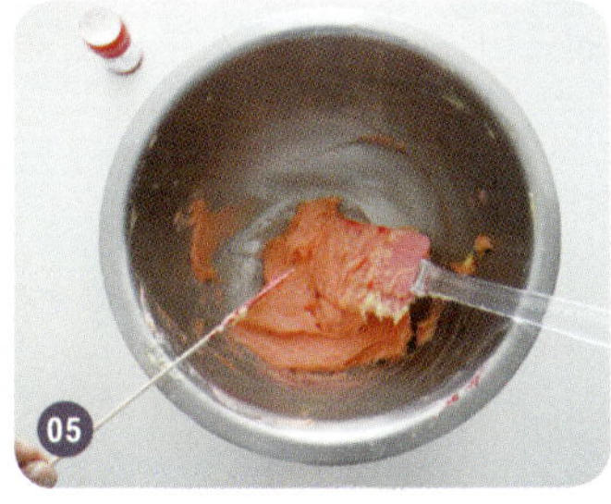

분홍색 식용색소를 꼬치로 살짝 찍어 반죽에 넣고 섞습니다.

체 친 박력분과 아몬드가루를 넣고 주걱으로 잘 섞습니다.

뭉쳐진 반죽을 랩이나 비닐로 감싸 냉장실에서 1시간 동안 휴지시킵니다.

작업대에 덧가루를 뿌리고 휴지한 반죽을 3mm 두께로 밀어 꽃 모양 쿠키틀로 찍습니다. 그 중에 절반은 작은 꽃 모양 쿠키틀로 가운데에 구멍을 냅니다.

유산지를 깐 팬에 반죽을 일정한 간격으로 올리고 170℃로 예열한 오븐에서 8~10분간 구운 후 식힘망에 올려 식힙니다.

작은 꽃 모양 구멍이 없는 쿠키를 뒤집어 라즈베리잼을 적당량 바르고 구멍이 나있는 쿠키로 덮어 겹치면 완성입니다.

> **TIP**
>
> 딸기잼을 사용해도 좋지만, 라즈베리(산딸기)잼을 사용하면 색도 선명하고, 맛도 새콤달콤해서 더 맛있어요.
> 벚꽃리큐르 대신 딸기리큐르나 바닐라오일로 대체 가능해요.

초코 마시멜로 쿠키

쫀득한 마시멜로와 진한 초코가 만난 쿠키에요. 마시멜로를 토핑해서 구울 때 세 조각으로 잘라 올리면 비주얼이
더 근사해진답니다. 달콤 쌉싸름한 맛에 커피와 함께 하면 좋고, 아이들 간식으로도 최고에요.

분량 6.5cm 14개
오븐 170℃ 9~10분
165℃ 2~3분

재료

버터	80g	바닐라오일	1ts	베이킹파우더	2g
설탕	70g	박력분	140g	다크초콜릿	90g
달걀	1개	코코아가루	10g	토핑용 초콜릿	14조각
				마시멜로	14개

볼에 버터와 초콜릿을 담아 중탕으로
녹여 준비합니다.

다른 볼에 달걀을 풀고, 설탕을 넣어
잘 섞습니다.

바닐라오일을 넣고 섞습니다.

녹인 버터와 초콜릿을 넣고 분리되지
않도록 잘 섞습니다.

체 친 박력분과 코코아가루, 베이킹파
우더를 넣고 주걱으로 잘 섞습니다.

반죽을 약 28~30g씩 스쿱으로 떠서
유산지를 깐 팬에 일정한 간격으로 올
린 후 반죽의 윗면을 가볍게 누르고
170℃로 예열한 오븐에서 9~10분간
굽습니다.

오븐에서 팬을 꺼낸 뒤 토핑용 초콜릿
을 1조각씩 올립니다.

초콜릿 위에 마시멜로를 1개씩 올리고
오븐을 165℃로 낮춰 2~3분간 더 구운
후 식힘망에 올려 식히면 완성입니다.

롤리팝 & 아이스크림 머랭 쿠키

달콤하고 가벼워 아이들이 솜사탕 맛이 난다고 매우 좋아하는 머랭 쿠키에요. 식용색소를 사용해 알록달록하게 만들어 아이 생일파티 때, 간식이나 선물로 준비해 보세요. 아주 인기 만점이랍니다.

재료

달걀흰자	50g	분홍색 식용색소	약간	스프링클	적당량
설탕	100g	파란색 식용색소	약간	녹인 초콜릿	약간

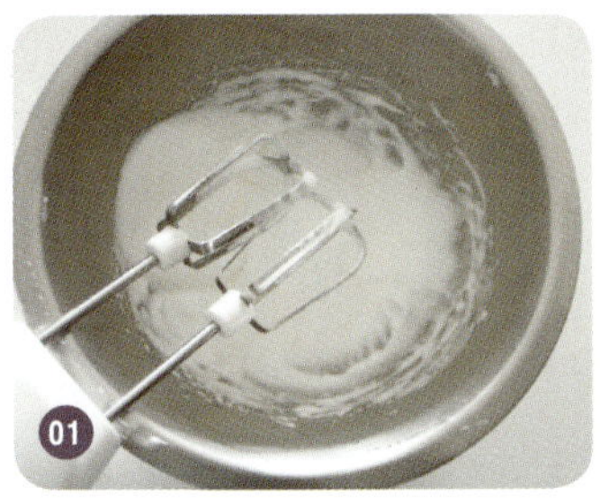

볼에 차가운 달걀흰자를 풀고 중속에서 고속으로 휘핑합니다.

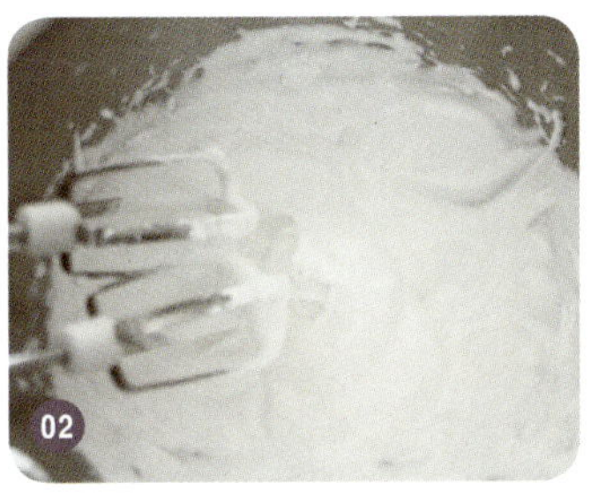

설탕을 넣어가며 계속 휘핑해, 윤기 나고 단단한 머랭을 만듭니다. 머랭의 뿔이 살짝 아래로 뾰족하게 서면 완성입니다.

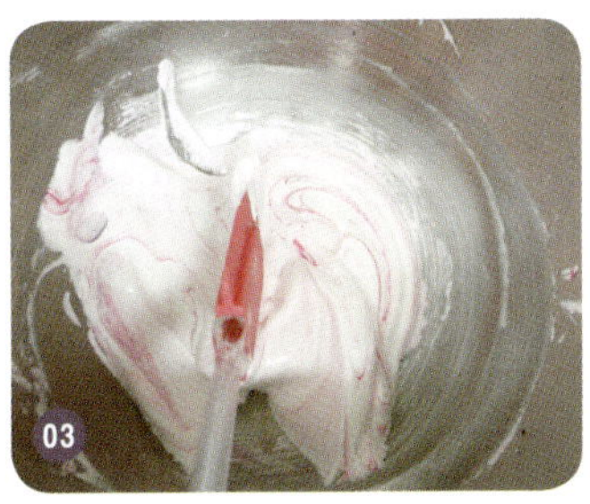

머랭을 반으로 나눠 한 쪽에는 분홍색 식용색소를 꼬치로 살짝 찍어 넣고 고무주걱으로 잘 섞습니다.

원형깍지를 낀 짤주머니에 반죽을 넣고 유산지를 깐 팬에 일정한 간격으로 롤리팝 모양을 짭니다. 스프링클을 올려 장식하고, 100℃로 예열한 오븐에서 80분간 구운 후 식힘망에 올려 식힙니다.

롤리팝 머랭 쿠키에 녹인 초콜릿이나 초코펜으로 스틱을 붙이면 완성입니다.

다른 머랭에는 파란색 식용색소를 꼬치로 살짝 찍어 넣고 고무주걱으로 잘 섞습니다.

별깍지를 낀 짤주머니에 반죽을 넣고 유산지를 깐 팬에 일정한 간격으로 아이스크림 모양을 짭니다.

스프링클을 올려 장식하고, 100℃로 예열한 오븐에서 100~120분간 구운 후 식힘망에 올려 식히면 완성입니다.

타르트 크림 쿠키

타르트 크림으로 많이 사용되는 커스터드크림을 올려 촉촉하고 달콤하게 구웠어요. 미니타르트 모양으로 만들어 타르트가 먹고 싶을 때 즐길 수 있는 좋은 한 입 디저트랍니다. 크림 대신 딸기잼이나 산딸기잼을 넣어 구우면 색다른 맛을 즐길 수 있어요.

재료

버터	100g	달걀노른자	1개	• 토핑	
슈가파우더	80g	박력분	180g	커스터드크림(14p 참고)	320g
소금	1g				

Home Bakery

실온의 말랑한 버터를 볼에 넣고 부드럽게 풀어줍니다.

슈가파우더와 소금을 넣어 잘 섞습니다.

달걀노른자를 넣고 섞습니다.

체 친 박력분을 넣고 주걱으로 잘 섞습니다.

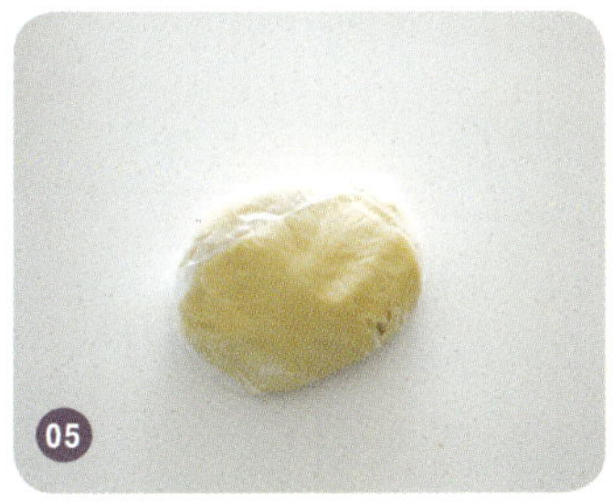

뭉쳐진 반죽을 랩이나 비닐로 감싸 냉장실에서 1시간 동안 휴지시킵니다.

작업대에 덧가루를 뿌리고, 반죽을 5mm 두께로 밉니다.

지름 5cm 원형 주름 쿠키틀로 반죽을 찍어냅니다.

머핀틀에 버터를 칠한 뒤 반죽을 넣고, 가운데를 지그시 눌러 오목하게 만듭니다.

짤주머니에 커스터드크림을 담아 반죽 위에 듬뿍 짜고, 180℃로 예열한 오븐에서 10~12분간 구운 후 식힘망에 올려 식히면 완성입니다.

복숭아 쿠키

눈이 먼저 즐거워지는 앙증맞은 복숭아 모양에 복숭아잼을 넣어 달콤하고 부드럽게 만든 쿠키입니다. 필링은 초콜릿이나 생크림 등 입맛에 맞춰 다양하게 넣을 수 있으니 취향에 따라 다르게 즐겨보세요. 여기서 잠깐! 잼이 들어간 쿠키는 오래 두면 눅눅해지므로 보관에 주의하세요.

재료

버터	60g	바닐라오일	1ts	• 필링		
설탕	80g	박력분	200g	복숭아잼	100g	
소금	1g	빨강, 노랑 식용색소	약간	파낸 쿠키	50g	
달걀	1개	애플민트	적당량			
		데코용 설탕	적당량			

실온의 말랑한 버터를 부드럽게 풀고,
설탕과 소금을 넣어 잘 섞습니다.

달걀을 조금씩 넣으면서 섞다가 바닐
라오일을 넣어 섞고, 체 친 박력분을
넣은 뒤, 주걱으로 잘 섞어 반죽을 마
무리합니다.

반죽을 20g씩 분할해 둥글리기하고,
175℃로 예열한 오븐에서 15분간 구운
후 식힘망에 올려 식힙니다.

칼로 쿠키 속을 조심스레 파냅니다.

파낸 쿠키와 복숭아잼을 섞어 필링을
만듭니다.

쿠키 속에 필링을 넣고 2개를 맞물립
니다.

물에 색소를 섞어 빨간색과 노란색 물
을 만들고, 쿠키를 앞뒤로 담가 색을
입힙니다. 오래 담그면 쿠키가 눅눅해
지므로 1~2초만 담급니다.

20초 정도 쿠키를 살짝 말리고, 데코
용 설탕 위에 굴려 골고루 묻힙니다.

애플민트로 장식하면 완성입니다.

딸기 에클레어

마카롱만큼이나 유명한 프랑스 디저트인 에클레어는 '번개'라는 뜻을 가지고 있어요. 에클레어가 너무 맛있어 번개처럼 빨리 먹어버린다고 해서 이러한 이름이 붙여졌다고 하는데요. 얼마나 맛있는지 직접 만들어 확인해 볼까요?

분량 13cm 12~13개
오븐 180℃ 20~25분

🥄 재료

버터	50g	달걀	100g	• 필링	
설탕	5g	박력분	60g	커스터드크림(14p 참고)	125g
소금	1g	탈지분유	10g	생크림	50g
물	100ml	딸기초콜릿	100g	설탕	5g
		데코용 딸기	적당량		

냄비에 물, 설탕, 버터, 소금을 넣어 끓이다가 탈지분유를 넣고 한소끔 더 끓입니다.

냄비를 불에서 내리고, 체 친 박력분을 조금씩 넣으면서 덩어리가 지지 않도록 휘저어 섞습니다.

반죽을 건조시키기 위해 냄비를 약불에 올리고 3분 동안 주걱으로 휘젓습니다.

불에서 내려 반죽을 다른 용기에 담고, 달걀을 조금씩 넣으면서 섞습니다. 반죽을 떨어뜨렸을 때 삼각형 모양으로 떨어지면 됩니다.

별깍지를 낀 짤주머니에 반죽을 담고 유산지를 깐 오븐 팬 위에 길쭉한 모양으로 짭니다. 180℃로 예열한 오븐에서 20~25분간 구운 후 식힘망에 올려 식힙니다.

슈과자 반죽이 제대로 익었는지, 속이 비었는지 확인합니다.

필링을 만듭니다. 볼에 생크림과 설탕을 넣고 휘핑한 후 커스터드크림을 부드럽게 섞습니다.

에클레어 바닥에 2~3개의 구멍을 뚫어 필링을 가득 채웁니다.

딸기초콜릿을 중탕해 녹인 후 에클레어의 윗부분을 담가 코팅하고, 적당히 자른 딸기로 장식하면 완성입니다.

TIP

구울 때 오븐을 열면 반죽이 가라앉을 수 있어요. 굽는 동안은 절대 오븐을 열지 마세요.

소보로 라즈베리잼 쿠키

다들 어렸을 때 소보로빵에 대한 추억이 하나쯤은 있으시죠? 빵 위에 소보로가 어찌나 맛있던지 그것만 떼어 먹었던 기억이 나네요. 그때 그 고소한 소보로를 쿠키 위에 올려 구워봤어요. 모양은 투박하지만 소보로의 고소한 맛과 라즈베리잼의 달콤함이 어우러져 아주 맛있답니다.

분량 7cm×4cm 21개
오븐 180℃ 12~15분
휴지 30분~1시간

재료

버터	100g	달걀	1개	라즈베리잼	적당량
설탕	80g	바닐라오일	1/2ts	스트로이젤(17p 참고)	적당량
소금	1g	박력분	220g		

실온의 말랑한 버터를 볼에 넣고 부드
럽게 풀어줍니다.

설탕과 소금을 여러 번 나눠 넣으면서
잘 섞습니다.

달걀을 풀어 버터에 조금씩 넣으면서
섞다가 바닐라오일을 넣고 섞습니다.

체 친 박력분을 넣고 주걱으로 잘 섞
습니다.

반죽을 랩이나 비닐로 감싸 냉장실에
서 30분~1시간 동안 휴지시킵니다.

작업대에 덧가루를 뿌리고 휴지한 반죽
을 16cm×6cm로 네모지게 만듭니다.

팬에 유산지를 깔고, 반죽을 0.8cm 두
께로 잘라 올린 뒤 반죽의 가운데를
손으로 살짝 누릅니다.

손으로 누른 자리에 라즈베리잼을 바
르고, 스트로이젤을 듬뿍 올립니다.
180℃로 예열한 오븐에서 12~15분간
구운 후 식힘망에 올려 식히면 완성입
니다.

TIP

소보로의 정식 명칭은 스트로이젤이에요. 17p에서 만드는 방법을 확인하세요.

딸기 스콘

영국의 대표 퀵브레드인 스콘은 잼이나 크림을 듬뿍 올려 홍차와 함께 먹으면 정말 맛있죠. 만드는 방법도 까다롭지 않아서 간단하게 간식으로도 너무 좋아요. 남거나 식은 스콘은 전자레인지에 20~30초 정도 돌리면 따뜻하게 먹을 수 있으니 꼭 참고하세요.

분량 7cm 8개

오븐 190℃ 15~20분

재료

버터	65g	달걀	1개	베이킹파우더	6g
설탕	30g	우유	55g	딸기	140g(7개)
소금	2g	중력분	300g		

딸기는 깨끗이 씻어 적당한 크기로 잘라 준비합니다.

달걀과 우유를 가볍게 섞어 놓습니다.

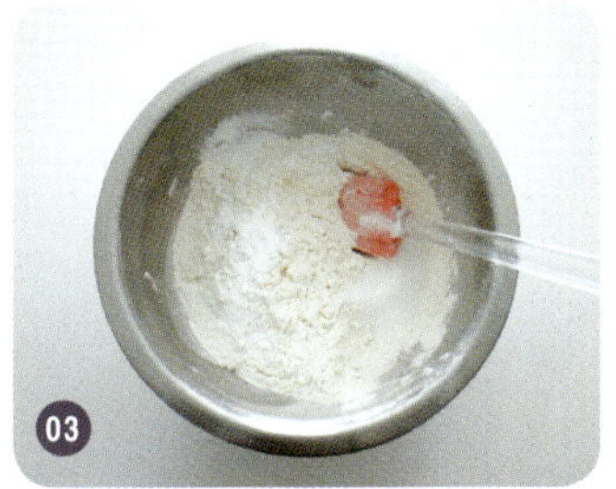

볼에 체 친 중력분과 베이킹파우더를 담고, 설탕과 소금을 넣은 뒤 잘 섞습니다.

버터를 넣고 스크래퍼로 잘라가면서 섞습니다. 손으로 비볐을 때 포슬포슬한 상태로 만듭니다.

미리 섞어둔 달걀과 우유를 반죽에 넣고 주걱으로 잘 섞습니다.

딸기를 넣고 재빠르게 섞어 반죽을 마무리합니다.

반죽을 휴지하지 않고 작업대에 올려 덧가루를 뿌린 뒤 둥글게 만들어 8등분으로 나눕니다.

190℃로 예열한 오븐에서 15~20분간 구운 후 식힘망에 올려 식히면 완성입니다.

TIP

건과일이 아닌 생딸기를 넣어 만들기 때문에 반죽이 질 수 있어요. 휴지 없이 재빠르게 성형해서 굽는 게 좋아요.

라즈베리 피낭시에

금괴를 닮은 모양에 버터를 살짝 태워 고소하면서도 향긋한, 모든 것이 우아하고 고급스러움이 느껴지는 피낭시에입니다. 여기에 달콤 상큼한 라즈베리가 더해져 기분전환 티푸드로 아주 제격이랍니다. 라즈베리 대신 블루베리를 얹어 구워도 좋고요. 다른 과일과 함께해도 좋아요.

분량 8cm 13개
오븐 180℃ 10~12분
휴지 30분~1시간

재료

버터	130g	달걀흰자	135g	베이킹파우더	1g
설탕	85g	박력분	55g	토핑용 라즈베리	적당량
꿀	25g	아몬드가루	55g		

냄비에 버터를 넣고 갈색이 나도록 끓여 준비합니다.

볼에 달걀흰자를 넣고 멍울이 없도록 풀어준 뒤 설탕과 꿀을 넣고 섞습니다.

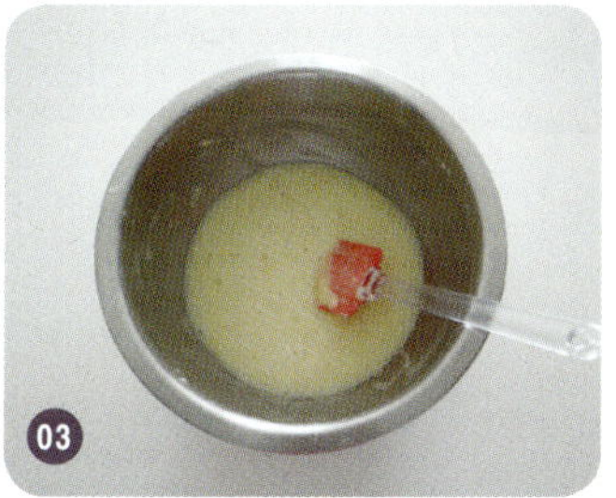

체 친 박력분과 아몬드가루, 베이킹파우더를 넣고 주걱으로 잘 섞습니다.

녹인 버터를 체에 거르고, 반죽에 조금씩 넣으면서 잘 섞습니다.

반죽을 랩이나 비닐로 싸서 냉장실에서 30분~1시간 동안 휴지시킵니다.

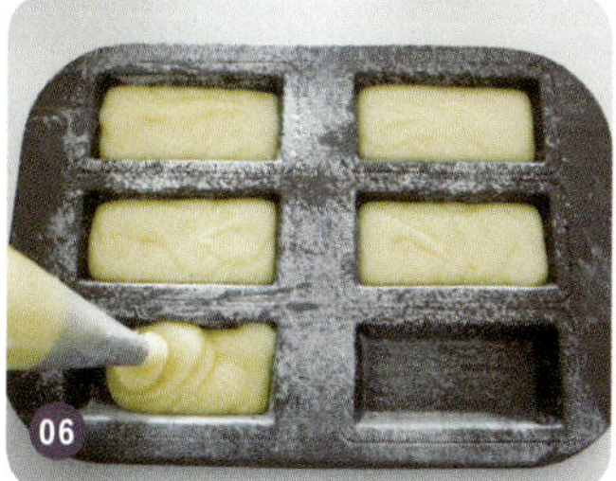

짤주머니에 반죽을 넣은 뒤, 버터를 칠한 피낭시에 틀에 80% 정도 채워 넣습니다.

토핑용 라즈베리를 올리고 180℃로 예열한 오븐에서 10~12분간 구운 후 식힘망에 올려 식히면 완성입니다.

딸기 하트 사블레

동그란 쿠키 안에 하트가 짠! 딸기가루가 들어가 예쁜 색은 물론 달콤한 향까지 가득해 더욱 더 사랑스러운 딸기 하트 사블레입니다. 쿠키를 구워 사랑하는 사람에게 선물해 보세요. 정성이 가득 담긴 선물로 더욱 깊어진 사랑을 확인하실 수 있을 거예요.

- 분량 5.5cm 26개
- 오븐 165℃ 10~14분
- 휴지 30분~1시간

재료

버터	130g	달걀노른자	2개	딸기가루	15g
슈가파우더	100g	딸기리큐르	1ts	달걀흰자	적당량
소금	1g	박력분	210g	딸기 크런치나 스프링클	적당량

실온의 말랑한 버터를 볼에 넣고 부드 럽게 풀어줍니다.

슈가파우더와 소금을 넣어 잘 섞고, 달걀노른자를 1개씩 넣고 섞습니다.

딸기리큐르를 넣고 섞습니다.

체 친 박력분을 넣고 주걱으로 잘 섞 습니다.

어느 정도 섞인 반죽을 둘로 나눠, 한 쪽에 체 친 딸기가루를 넣고 잘 섞습 니다.

뭉쳐진 반죽을 랩이나 비닐로 감싸 냉 장실에서 30분~1시간 동안 휴지시킵 니다.

작업대에 덧가루를 뿌리고 휴지한 딸 기 반죽을 1.5cm 두께로 민 뒤, 지름 3.5cm 하트 모양 쿠키틀을 이용해 10 개씩 찍어냅니다.

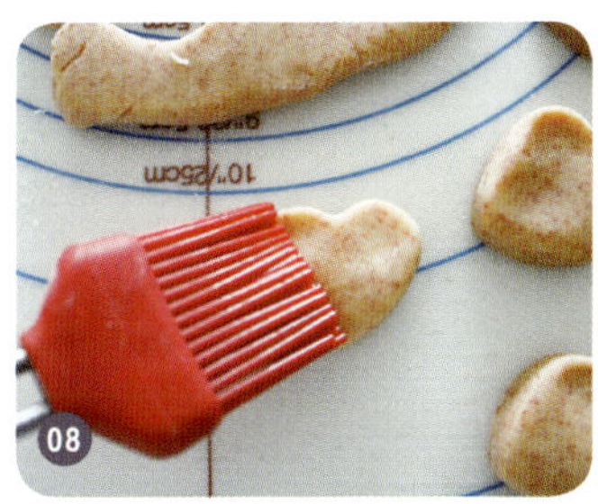

하트 모양 딸기 반죽에 달걀흰자를 발 라 길게 붙이고 랩이나 비닐로 감싸 냉동실에서 30분 동안 굳힙니다.

바닐라 반죽도 동일한 과정으로 성형 해 냉동실에서 굳힙니다. 이때, 남은 딸기와 바닐라 반죽은 냉장실에 보관 합니다.

냉동실에서 딸기 하트 반죽을 꺼내 달
걀흰자를 바릅니다.

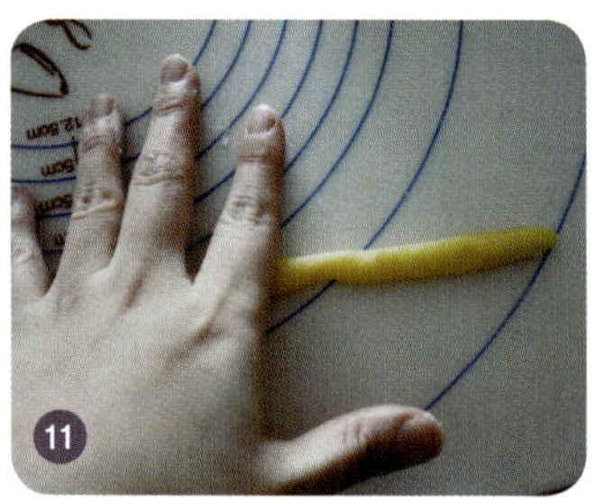

냉장실에 보관한 바닐라 반죽을 꺼내
얇고 길게 밀어 준비합니다.

밀어둔 바닐라 반죽을 딸기 하트 반죽
바깥쪽에 붙여 원형 모양으로 만듭니
다. 하트 모양이 망가지지 않도록 살
살 붙이되 꼼꼼하게 붙입니다.

완성된 딸기 하트 쿠키 반죽을 손으로
살살 둥글리며 모양을 잡습니다. 마지
막으로 랩이나 비닐로 감싸 냉동실에
서 30분 동안 굳힙니다.

바닐라 하트 반죽도 동일한 과정으로
성형하고, 냉동실에서 굳힙니다.

냉동실에서 잘 굳은 반죽에 달걀흰자
를 바르고 크런치 위에 둥글려 골고루
묻힙니다.

반죽을 0.8~1cm 두께로 잘라 유산지
를 깐 팬에 일정한 간격으로 올리고,
165℃로 예열한 오븐에서 10~14분간
구운 후 식힘망에 올려 식히면 완성입
니다.

무지개롤 쿠키

화려한 디저트가 강세를 이루고 있어서 그런지 무지개 모양의 인기는 사그라지지 않네요. 이 무지개롤 쿠키는 알록달록한 색감으로 시선을 사로잡았고, 모양에 뒤지지 않게 맛 또한 뛰어나서 아이나 어른 모두에게 인기가 많은 쿠키 중 하나에요. 동그란 원형 모양 그대로 만들어도 예쁘고, 반으로 잘라 무지개 모양으로 선물해도 좋답니다.

분량 4.5cm 32개
오븐 165℃ 12~15분

재료

버터	98g	달걀노른자	25g	아몬드가루	30g
슈가파우더	75g	바닐라오일	1/4ts	빨강, 노랑, 초록, 파랑 식용색소	적당량
소금	1g	박력분	150g	달걀흰자	적당량

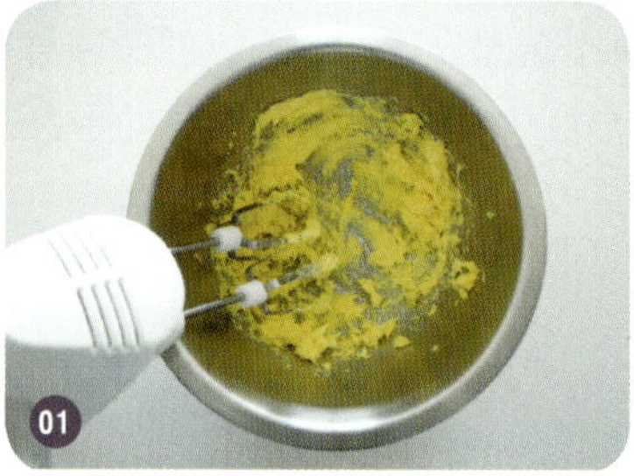

실온의 말랑한 버터를 볼에 부드럽게 풀고, 슈가파우더와 소금을 넣어 잘 섞습니다.

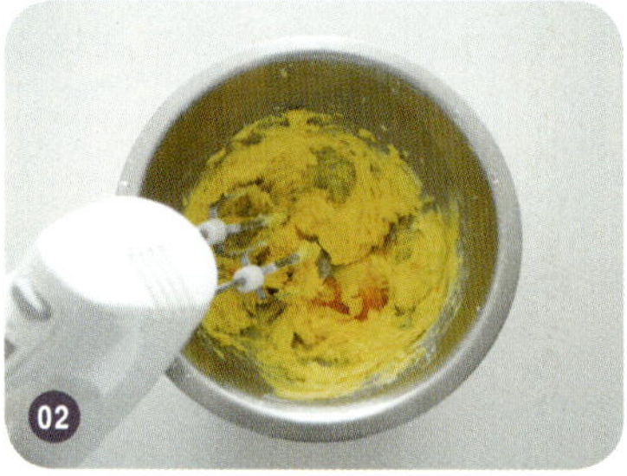

달걀노른자를 넣고 섞은 후 바닐라오일을 넣고 섞습니다.

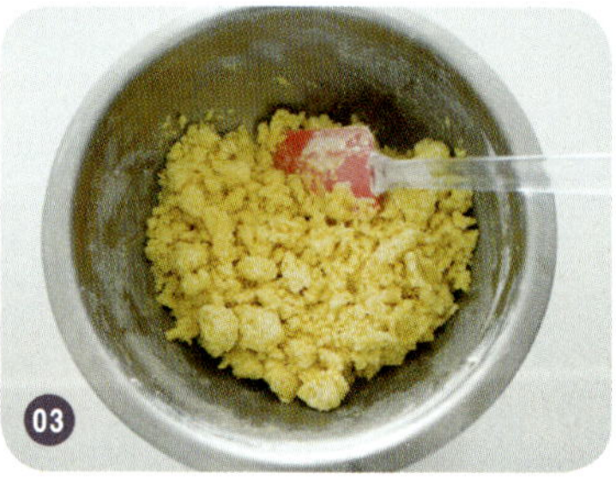

체 친 박력분과 아몬드가루를 넣고 주걱으로 잘 섞어 반죽합니다.

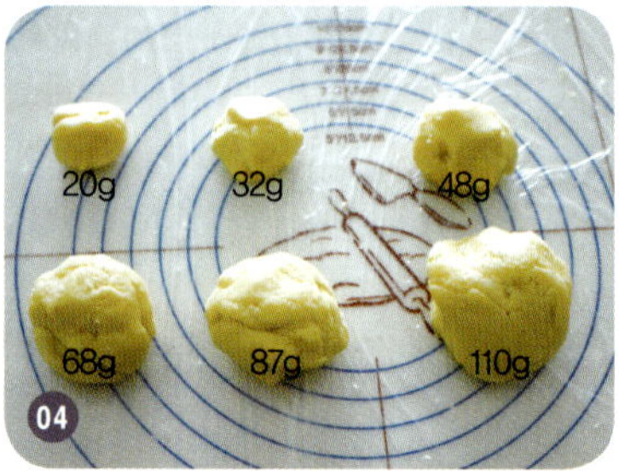

완성된 반죽을 20g, 32g, 48g, 68g, 87g, 110g으로 나눕니다.

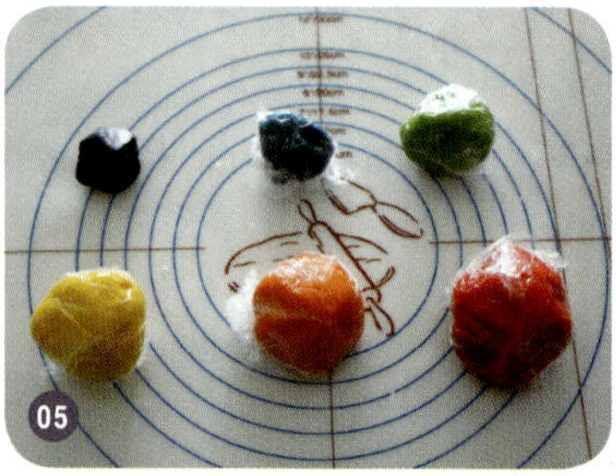

무게가 가장 적은 반죽부터 보라, 파랑, 초록, 노랑, 주황, 빨강 순으로 색소를 넣어 색을 냅니다. 보라색을 제외한 나머지 반죽을 랩이나 비닐로 감싸 냉장실에 잠시 넣어둡니다.

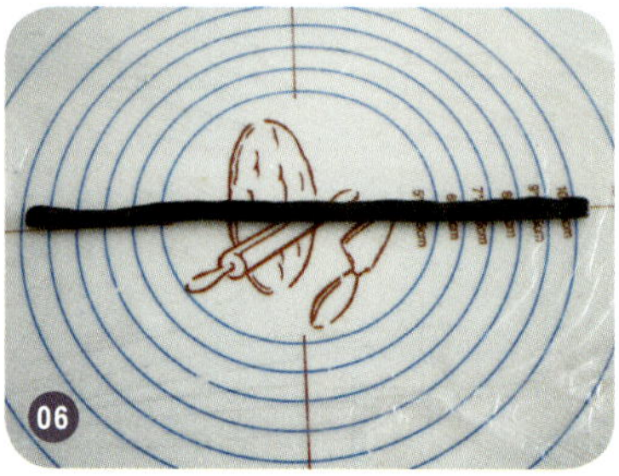

작업대에 랩을 깔고 보라색 반죽을 25~26cm 길이의 원형으로 길게 밉니다. 그대로 랩으로 살짝 감싸 냉동실에서 10분 동안 굳힙니다.

TIP

주황색은 빨강과 노랑, 보라색은 빨강과 파랑 색소를 섞어 무지개 색을 표현할 수 있어요.

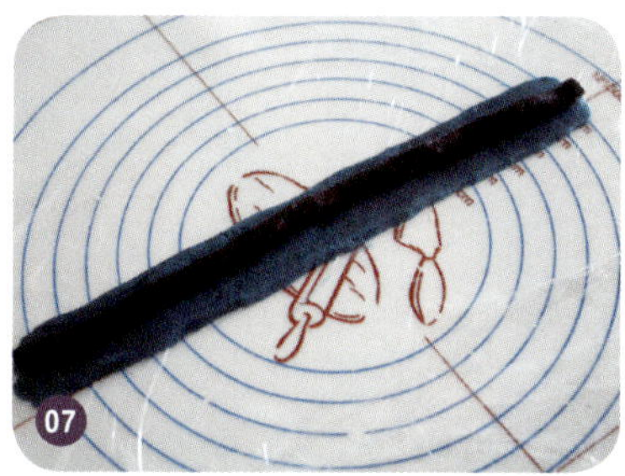

07

냉장실에서 파란색 반죽을 꺼내 25~26cm 길이로 넓적하고 길게 밉니다. 냉동실의 보라색 반죽을 꺼내 달걀흰자를 표면에 바른 뒤 파란색 반죽 위에 올립니다.

08

파란색 반죽을 꼼꼼하게 여미면서 원형 모양으로 잘 말아준 뒤 랩으로 살짝 감싸 냉동실에서 10분 동안 굳힙니다.

09

나머지 초록, 노랑, 주황 반죽도 같은 방법으로 말아 굳힙니다.

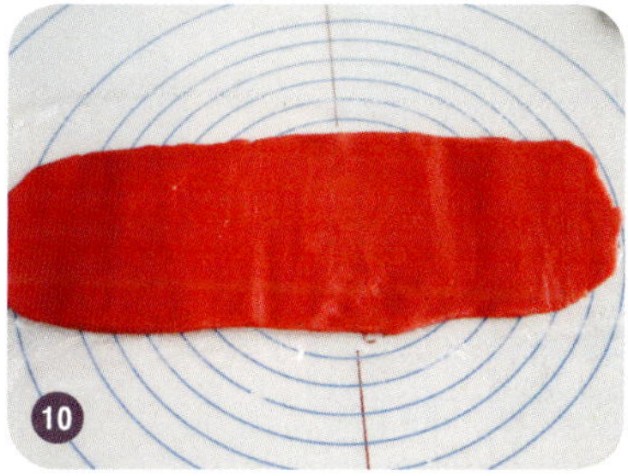

10

마지막으로 빨간색 반죽을 꺼내 같은 방법으로 합친 후 랩으로 감싸 냉동실에서 30분~1시간 동안 굳힙니다.

11

잘 굳은 쿠키 반죽을 꺼내 0.8cm 두께로 자릅니다. 자른 반죽을 반으로 한 번 더 자르면 무지개 모양이 됩니다.

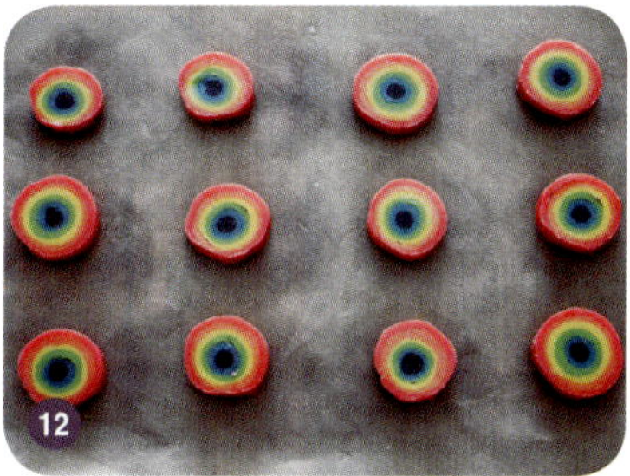

12

유산지를 깐 팬에 반죽을 일정한 간격으로 올리고 165℃로 예열한 오븐에서 12~15분간 구운 후 식힘망에 올려 식히면 완성입니다.

Part 2
특별한 쿠키

카카오닙 초코볼 쿠키

카카오닙은 초콜릿 열매인 카카오의 껍질을 발효, 건조, 로스팅해 잘게 부순 것을 말해요. 항산화 성분인 폴리페놀이 풍부하게 들어있어 건강에 도움을 준답니다. 견과류처럼 그대로 먹어도 좋지만, 쿠키에 넣으면 풍미와 식감이 더 좋아져요.

분량 7cm 24개
오븐 170℃ 15~20분

재료

버터	90g	우유	2Ts	베이킹파우더	1g
슈가파우더	80g	박력분	150g	카카오닙	45g
소금	1g	코코아가루	30g	토핑용 슈가파우더	적당량

실온의 말랑한 버터를 볼에 넣고 부드럽게 풀어줍니다.

슈가파우더와 소금을 넣어 잘 섞습니다.

체 친 박력분과 코코아가루, 베이킹파우더를 넣고 주걱으로 잘 섞다가 우유를 넣고 섞습니다.

카카오닙을 넣고 잘 섞어 반죽을 뭉칩니다.

반죽을 17g씩 분할해 동그랗게 만듭니다.

비닐봉지에 토핑용 슈가파우더와 분할한 반죽을 넣고 흔들어 묻힙니다.

유산지를 깐 팬에 반죽을 일정한 간격으로 올리고 170℃로 예열한 오븐에서 15~20분간 구운 후 식힘망에 올려 식히면 완성입니다.

추로스 & 레몬 크림치즈

놀이동산에 가면 꼭 사먹게 되는 추로스는 스페인의 전통 튀김 과자이자 국민 간식입니다. 이미 우리에게도 너무나 익숙한 간식이 되었는데요. 쫀득한 추로스를 길쭉하거나 말발굽 모양으로 튀겨 시나몬 설탕을 뿌려 먹어도 맛있지만, 상큼한 레몬 크림치즈에 콕 찍어 먹으면 색다른 추로스를 즐길 수 있어요.

재료

물	200ml	• 레몬크림치즈		• 시나몬설탕	
버터	30g	크림치즈	150g	설탕	100g
설탕	20g	설탕	30g	시나몬가루	7g
소금	1g	레몬즙	2Ts		
달걀	100g	레몬제스트	1Ts		
박력분	145g				
식용유	적당량				

냄비에 물과 버터, 설탕, 소금을 넣고
버터가 녹을 때까지 끓입니다.

냄비를 불에서 내리고, 체 친 박력분
을 넣은 후 덩어리가 지지 않도록 휘
저어 섞습니다.

반죽을 건조시키기 위해 냄비를 중약
불에 올리고 1~2분 동안 주걱으로 휘
젓습니다.

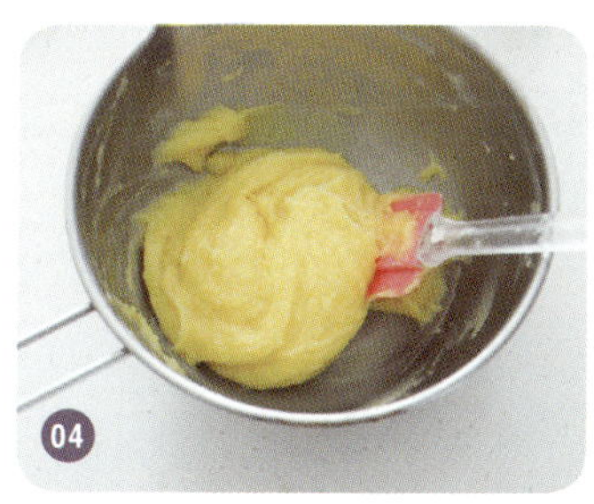

반죽을 불에서 내려 다른 용기에 담
고, 달걀을 조금씩 나눠 넣으면서 섞
습니다. 반죽을 떨어뜨렸을 때 되직하
게 떨어지면 됩니다.

깊은 냄비나 프라이팬에 식용유를
180℃로 가열한 후, 별깍지를 낀 짤주
머니에 반죽을 넣어 다양한 모양으로
짭니다.

앞뒤로 황금빛이 나도록 2~4분 정도
노릇노릇하게 튀기면 완성입니다. 키
친타월에 올려 기름을 제거합니다.

설탕과 시나몬가루를 잘 섞어 시나몬
설탕을 만듭니다.

실온의 말랑한 크림치즈를 볼에 넣어
부드럽게 풀어준 뒤 설탕을 넣고 잘 섞
습니다. 레몬즙과 레몬제스트를 넣고
잘 섞어 레몬 크림치즈를 만듭니다.

한 김 식은 추로스를 취향에 따라 시
나몬설탕에 골고루 묻히거나 레몬 크
림치즈에 찍어 먹습니다.

망고 슈크림

남녀노소 좋아하는 달콤한 슈를 집에서 만들면 크림을 듬뿍 넣을 수 있어서 너무 좋아요. 필링으로는 잼보다 가볍고 부드러운 망고커드를 넣어 풍미를 살렸답니다. 수제 망고퓌레를 이용해 만든 망고커드는 깊은 맛이 나고 상큼달콤해 부담없이 먹을 수 있어요.

분량 5cm 13개
오븐 180℃ 20~25분

재료

버터	46g	우유	50ml	• 망고커드	
설탕	5g	달걀	100g	망고퓌레(16p 참고)	120g
소금	1g	박력분	60g	달걀	80g
물	50ml			설탕	45g
				버터	75g

냄비에 물과 우유, 설탕, 소금, 버터를
넣고 끓입니다.

버터가 녹으면 냄비를 불에서 내리고,
체 친 박력분을 조금씩 넣으며 덩어리
가 지지 않도록 휘저어 섞습니다.

반죽을 건조시키기 위해 냄비를 약불
에 올리고 3분 동안 주걱으로 휘젓습
니다.

반죽을 불에서 내려 다른 용기에 담고,
달걀을 조금씩 나눠 넣으면서 섞습니
다. 반죽을 떨어뜨렸을 때 삼각형 모양
으로 떨어지면 됩니다.

1cm 원형깍지를 낀 짤주머니에 반죽
을 담고, 오븐 팬 위에 4cm 동그란 모
양으로 짭니다. 반죽 표면에 스프레이
로 물을 뿌리고, 180℃로 예열한 오븐
에서 20~25분간 구운 후 식힘망에
올려 식힙니다.

망고커드를 만듭니다. 냄비에 달걀을
풀고, 설탕을 넣어 약불에 올린 뒤 설
탕이 녹을 때까지 잘 젓습니다. 그리
고 망고퓌레를 넣어 약불에서 4~5분
정도 끓입니다.

실온의 말랑한 버터를 넣고 주걱으로
10~15분 정도 계속 저어가면서 걸쭉
하게 만듭니다. 완성된 망고커드는 냉
장고에 넣어 식힙니다.

슈깍지를 낀 짤주머니에 망고커드를
담고, 식힌 슈 밑에 구멍을 내서 크림
을 가득 채우면 완성입니다.

크리스마스트리 쿠키

크리스마스 때, 직접 만든 트리 쿠키로 즐거운 사람들과 함께 기분을 내보세요. 녹차가루로 나무의 색을 표현하고, 슈가파우더로 눈이 내린 듯한 효과를 냈답니다. 크리스마스가 아니어도 기분전환에 좋으니 아이들과 함께 만들어보세요.

🥄 재료

버터	100g	• 아이싱		• 토핑	
슈가파우더	80g	달걀흰자	15g	슈가파우더	적당량
소금	1g	슈가파우더	75g	아라잔	적당량
달걀노른자	1개	레몬즙	1/2ts	스프링클	적당량
바닐라오일	1/2ts				
박력분	170g				
말차가루(녹차가루)	10g				

01

실온의 말랑한 버터를 볼에 넣고 풀어
줍니다. 그리고 슈가파우더와 소금을
넣어 잘 섞습니다.

02

달걀노른자를 넣고 섞어준 뒤, 바닐라
오일을 넣고 잘 섞습니다.

03

체 친 박력분과 말차가루를 넣고 주걱
으로 잘 섞습니다.

04

뭉쳐진 반죽을 랩이나 비닐로 감싸 냉
장실에서 30분~1시간 동안 휴지시킵
니다.

05

작업대에 덧가루를 뿌리고 휴지한 반
죽을 5mm 두께로 밀어준 뒤 크기가
각기 다른 별모양 쿠키틀로 찍어냅니
다.

06

유산지를 깐 팬에 반죽을 일정한 간격
으로 올리고 175℃~180℃로 예열한
오븐에서 10~12분간 구운 후 식힘망
에 올려 식힙니다.

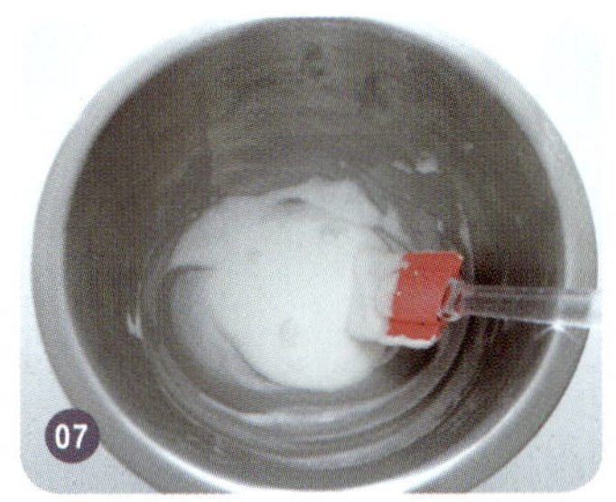

07

아이싱을 만듭니다. 체 친 슈가파우더
를 볼에 담고 달걀흰자와 잘 섞은 뒤
레몬즙을 섞습니다.

08

큰 크기의 별 쿠키부터 차례대로 2개
씩 올립니다. 쿠키 사이에 아이싱을
한 스푼 올려 고정합니다.

09

잘 쌓은 쿠키에 슈가파우더를 체 쳐
뿌리고, 아라잔과 스프링클로 장식하
면 완성입니다.

TIP

아이싱은 생략해도 돼요. 아이싱이 굳은 지 오래되면 먹기에 불편할 수 있으므로 파티 당일에 올리는 게 좋아요.

동물 아이싱 쿠키

어린이날이나 아이의 생일, 기념일에 함께 만들거나 선물하면 좋은 동물 아이싱 쿠키에요. 여러 가지 동물 모양의 쿠키에 아이싱으로 눈, 코, 귀 등을 그리면 아이들이 너무 좋아해요. 어쩌면 동물 쿠키를 서로 먹겠다고 다툴지도 모르니 넉넉하게 준비하는 게 좋을 거예요.

분량 7cm×7cm 24개

오븐 170℃ 10~14분

휴지 30분~1시간

🥄 재료

버터	100g	바닐라오일	1/2ts	· 아이싱	
슈가파우더	80g	박력분	160g	달걀흰자	30g
소금	1g	코코아가루	20g	슈가파우더	150g
달걀노른자	1개			레몬즙	1ts

01

실온의 말랑한 버터를 볼에 넣고 부드
럽게 풀어줍니다.

02

슈가파우더와 소금을 넣어 잘 섞다가
달걀노른자를 섞은 후 바닐라오일을
섞습니다.

03

체 친 박력분과 코코아가루를 넣고
잘 섞은 뒤, 뭉친 반죽을 랩이나 비닐
로 감싸 냉장실에서 30분~1시간 동
안 휴지시킵니다.

04

작업대에 덧가루를 뿌리고 휴지한 반
죽을 5mm 두께로 밀어줍니다.

05

동물모양 쿠키틀로 반죽을 찍어냅니다.

06

유산지를 깐 팬에 반죽을 일정한 간격
으로 올린 후 젓가락이나 꼬치로 눈
위치를 쿡 찍습니다. 170℃로 예열한
오븐에서 10~14분간 구운 후 식힘망
에 올려 식힙니다.

07

아이싱을 만듭니다. 체 친 슈가파우더
를 볼에 담고 달걀흰자와 잘 섞은 뒤
레몬즙을 섞습니다.

08

아이싱을 짤주머니에 담아 입구를 가
로로 조금만 자른 후 동물 쿠키에 장식
하고 12시간 이상 말리면 완성입니다.

TIP

아이싱에 식용색소를 소량 섞어
서 색을 내면 더 예뻐요.

크림치즈 샌드 쿠키

바삭한 과자와 새콤달콤한 크림이 매력적인 크림치즈 샌드 쿠키에요. 포크로 낸 무늬가 투박하면서도 정감이 가는데요. 보기엔 어떨지 몰라도 맛은 아주 일품이랍니다. 크림치즈 필링에 레몬제스트나 레몬즙을 추가해 더 상큼하게 만들어도 좋아요.

분량 5.3cm 9개
오븐 175℃ 10~12분
휴지 30분~1시간

재료

버터	100g	달걀노른자	1개	· 필링	
슈가파우더	70g	바닐라오일	1ts	크림치즈	125g
소금	1g	박력분	190g	버터	35g
				슈가파우더	30g

실온의 말랑한 버터를 볼에 넣고 풀어
줍니다.

슈가파우더와 소금을 넣어 잘 섞다가
달걀노른자를 넣고 섞습니다.

바닐라오일을 넣고 섞습니다.

체 친 박력분을 넣고 주걱으로 잘 섞
습니다. 뭉쳐진 반죽을 랩이나 비닐로
감싸 냉장실에서 30분~1시간 동안
휴지시킵니다.

작업대에 덧가루를 뿌리고 휴지한 반
죽을 20g씩 분할해 둥글립니다.

유산지를 깐 팬에 반죽을 일정한 간격
으로 올린 후 손으로 살짝 누르고 포
크로 무늬를 냅니다. 175℃로 예열한
오븐에서 10~12분간 구운 후 식힘망
에 올려 식힙니다.

필링을 만듭니다. 볼에 실온의 말랑한
크림치즈와 버터를 넣고 부드럽게 풀
다가 슈가파우더를 넣고 잘 섞습니다.

식힌 쿠키 한 쪽 면에 크림치즈 필링
을 적당량 올린 후 쿠키로 덮습니다.
냉장실에 보관해 크림을 굳히면 완성
입니다.

화이트초콜릿 비스코티

비스코티는 이탈리아 정통 과자로 '두 번 구운 쿠키'라는 의미를 가지고 있어요. 그래서인지 아주 바삭해서 한 입 깨물면 기분까지 좋아진답니다. 바삭바삭한 비스코티에 달콤한 초콜릿을 입혀서 빼빼로 모양으로 만들어 봤어요. 맛은 물론이고 모양까지 예쁘니 선물용으로 아주 제격이겠죠?

분량 3cm×12cm 15개

오븐 170℃ 20분
150℃ 15~20분

재료

버터	50g	달걀	1개	크랜베리	55g
황설탕	95g	박력분	190g	화이트초코칩	20g
소금	1g	아몬드가루	30g	럼(따뜻한 물)	적당량
		베이킹파우더	4g	토핑용 초콜릿	적당량

크랜베리는 럼이나 따뜻한 물에 1시간 이상 불려 준비합니다.

실온의 말랑한 버터를 볼에 부드럽게 풀고, 황설탕과 소금을 여러 번 나눠 넣으면서 잘 섞습니다.

풀어 놓은 달걀을 조금씩 넣으면서 섞습니다.

체 친 박력분과 아몬드가루, 베이킹파우더를 넣고 주걱으로 잘 섞다가 크랜베리와 화이트초코칩을 넣어 섞습니다.

반죽을 뭉쳐 20cm×12cm, 두께 1.5cm로 성형한 뒤 유산지를 깐 팬에 올려 170℃로 예열한 오븐에서 20분간 굽습니다.

한 김 식힌 후 1cm 간격으로 쿠키를 자릅니다.

유산지를 깐 팬에 쿠키를 올리고, 150℃로 예열한 오븐에서 15~20분간 한 번 더 구운 후 식힘망에 올려 식힙니다.

볼에 토핑용 초콜릿을 중탕으로 녹인 후 쿠키에 묻혀 굳히면 완성입니다.

생크림 마들렌

구움과자에 속하는 마들렌은 모양도 예쁘고 맛도 좋아 선물하기에 참 좋지요. 촉촉함과 부드러움의 대명사인 마들렌이지만 여기에 생크림을 넣어 부드러운 식감을 극대화했어요. 아이에게는 간식으로, 어른에게는 티타임용으로 내놓기 더할나위 없이 좋답니다. 지금 바로 생크림 마들렌을 구워 가까운 사람들과 여유를 가져보는 것은 어떨까요?

분량 6.5cm×6.5cm 14개
오븐 180℃ 10〜12분
휴지 30분〜1시간

재료

버터	50g	꿀	20g	박력분	70g
생크림	40g	달걀	100g	아몬드가루	40g
설탕	80g	레몬즙	1/2Ts	베이킹파우더	3g

냄비에 버터를 넣고 갈색이 나도록 끓여 준비합니다.

볼에 달걀을 넣어 멍울이 없도록 살살 풀고, 설탕과 꿀을 넣고 섞습니다.

생크림을 넣고 섞은 후 레몬즙을 넣습니다.

체 친 박력분과 아몬드가루, 베이킹파우더를 넣고 주걱으로 잘 섞습니다.

녹인 버터를 체에 걸러 조금씩 넣으면서 잘 섞습니다.

반죽을 랩이나 비닐로 싸서 냉장실에서 30분~1시간 동안 휴지시킵니다.

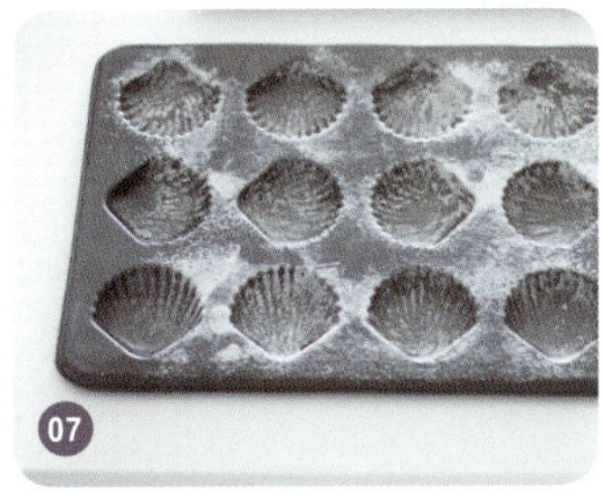

마들렌 틀에 버터를 칠한 후 밀가루를 체 쳐 뿌리고 남는 것은 털어냅니다.

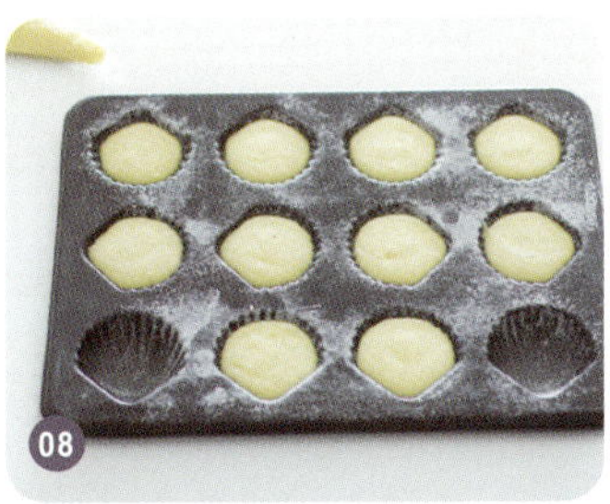

짤주머니에 반죽을 넣고 틀에 80% 정도 채웁니다. 180℃로 예열한 오븐에서 10~12분간 구운 후 식힘망에 올려 식히면 완성입니다.

티라미수 핑거 쿠키

이탈리아를 대표하는 디저트인 티라미수, 다들 좋아하시죠? 부드러운 레이디 핑거 쿠키와 진한 커피 향이 매력적인 티라미수의 향연을 쿠키로도 느끼실 수 있습니다. 머랭으로 만든 쿠키라 생각보다 폭신폭신한 식감을 가지고 있어 가볍게 즐길 수 있어요. 달콤한 티라미수 핑거 쿠키와 쌉쌀한 커피 한 잔, 함께 하실래요?

분량 6cm 14개

오븐 180℃ 10~12분

🥄 재료

달걀	2개	· 필링		· 커피시럽	
설탕	50g	마스카포네치즈	130g	인스턴트커피	5g
커피리큐르	1Ts	크림치즈	35g	뜨거운 물	10ml
커피가루	1Ts	설탕	20g		
박력분	50g				
슈가파우더	소량				

커피가루를 비닐이나 지퍼백에 넣고 밀대로
밀어 잘게 부숴 준비합니다.

달걀은 노른자와 흰자로 분리하고, 그중 흰
자만 볼에 넣고 거품을 올립니다.

거품이 풍성해지면 설탕을 여러 번 나눠 넣
으면서 뾰족한 뿔이 서는 단단한 머랭을 만
듭니다.

다른 볼에 달걀노른자를 넣어 풀고, 머랭을
소량 넣어서 섞습니다.

머랭이 담긴 볼에 노른자 반죽을 부어 주걱으
로 잘 섞은 후 커피리큐르를 넣고 섞습니다.

체 친 박력분을 조금씩 넣으면서 머랭이 꺼
지지 않도록 섞습니다.

미리 부숴둔 커피가루를 넣고 재빨리 대강
섞어 마무리합니다.

팬에 테프론시트지나 유산지를 깔고, 원형
깍지를 낀 짤주머니에 반죽을 담아 4.5cm
원형으로 도톰하게 짭니다.

슈가파우더를 체 쳐 뿌리고, 슈가파우더가
녹으면 굽기 바로 직전에 한 번 더 뿌립니다.
180℃로 예열한 오븐에서 10~12분간 구운
후 식힘망에 올려 식힙니다.

필링을 만듭니다. 볼에 마스카포네치즈와
크림치즈를 넣고 부드럽게 풀어준 후 설탕
을 넣고 섞습니다.

뜨거운 물에 인스턴트커피를 녹여 만든 커
피시럽을 4ml 정도 넣고 섞습니다.

식힌 핑거 쿠키 한 쪽 면에 필링을 짜고 다
른 핑거 쿠키로 덮으면 완성입니다.

피칸 월병

월병은 중국 전통 과자로 중국의 추석인 중추절에 즐겨 먹어요. 겉은 바삭하고, 속은 견과류와 앙금으로 꽉 차 있어서 고소하답니다. 명절 선물로 인기 만점인 월병에 항산화 성분이 풍부한 피칸을 넣어서 만들어보세요. 건강은 물론 한 개만 먹어도 속이 든든해 영양 간식으로도 최고예요.

🥄 재료

버터	30g	박력분	170g	호두분태	25g
설탕	55g	백앙금	370g	달걀노른자	적당량
연유	30g	피칸	50g		
달걀	1개	아몬드 슬라이스	25g		

피칸, 아몬드 슬라이스, 호두분태를 170℃
로 예열한 오븐에서 5~10분간 구워 준비합
니다.

볼에 달걀을 넣어 멍울이 없도록 풀고, 녹
인 버터를 넣고 섞습니다.

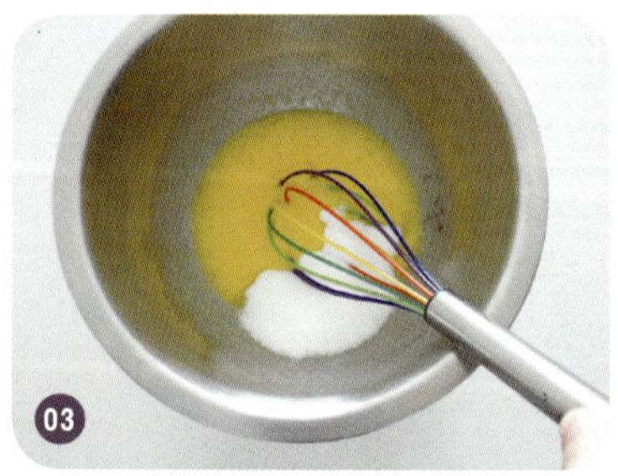

설탕과 연유를 넣고 설탕이 녹을 때까지 살
살 저어줍니다.

체 친 박력분을 넣고 주걱으로 잘 섞습니다.

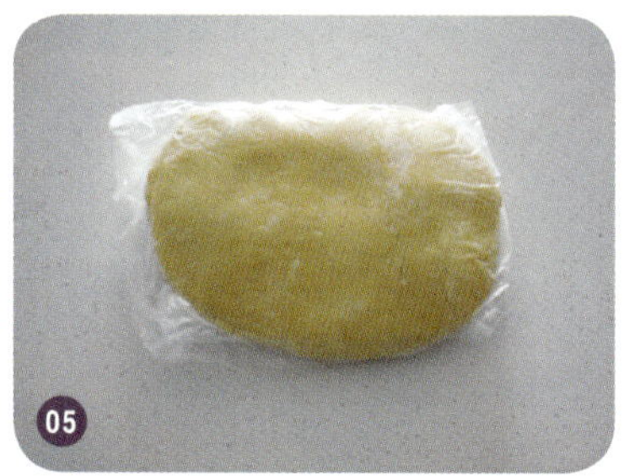

반죽을 랩이나 비닐로 싸서 냉장실에서 1시
간 정도 휴지시킵니다.

볼에 백앙금을 부드럽게 풀어준 뒤 오븐에
구워 놓은 견과류를 넣고 섞습니다.

앙금을 30g씩 분할해 둥글리기 합니다.

휴지한 반죽을 20g씩 분할해 둥글리기 합니다.

분할한 반죽을 납작하게 펴 앙금을 하나씩 넣고 오므려 감쌉니다.

반죽이 들러붙지 않도록 덧가루를 월병틀에 바른 뒤, 반죽을 넣고 손으로 살짝 누릅니다.

반죽에 문양을 찍어내 분리하고, 테프론시트지나 유산지를 깐 팬에 올립니다.

달걀노른자에 물을 약간 섞어 반죽 윗면에 바르고, 마르면 한 번 더 바릅니다. 180℃로 예열한 오븐에서 8~10분간 구운 후 식힘망에 올려 식히면 완성입니다.

> **TIP**
>
> 버터는 미리 전자레인지에 녹여 준비해두면 편리해요.
> 견과류는 오븐에 구워 전처리하면 잡내도 없어지고 더욱 고소해요.

Part 3
건강한 쿠키

통밀 허니 쿠키

통밀이 몸에 좋은 건 다 아시죠? 식이섬유가 풍부한 통밀가루와 식물성 유지로 건강을 챙긴 쿠키입니다. 달지 않아 어린 아이들 간식으로 너무 좋아요. 얇게 구워 바삭하고 고소한 통밀 쿠키의 매력에 빠져보세요.

분량 6.5cm 16개
오븐 170℃ 8~10분
휴지 1시간

재료

카놀라유	45g	소금	1g	달걀	25g
황설탕	10g	꿀	35g	통밀가루	130g
메이플 시럽	10g				

01

볼에 카놀라유와 황설탕, 소금을 넣어
잘 섞다가 메이플 시럽과 꿀을 넣고
섞습니다.

02

풀어놓은 달걀을 넣고 섞습니다.

03

체 친 통밀가루를 넣고 주걱으로 잘
섞습니다.

04

뭉쳐진 반죽을 랩이나 비닐로 감싸 냉
장실에서 1시간 동안 휴지시킵니다.

05

작업대에 덧가루를 뿌려 반죽을 3mm
두께로 밀고, 쿠키틀로 찍어냅니다.

06

유산지를 깐 팬에 반죽을 일정한 간격
으로 올리고 170℃로 예열한 오븐에서
8~10분간 구운 후 식힘망에 올려 식
히면 완성입니다.

TIP

메이플 시럽이 없을 경우 동량의 황설탕으로 대체해도 돼요.
식물성 유지는 여러 가지 오일을 사용할 수 있지만, 올리브유는 향이 강하므로 피하는 게 좋아요. 가능하면 해바라기씨유
와 포도씨유를 추천할게요.

단호박 상투과자

어렸을 때 부모님께 상투과자를 사 달라고 조르던 추억이 있으신가요? 입에 넣으면 부드럽게 흩어지는 그 맛을 저는 참 좋아하는데요. 추억이 가득한 상투과자에 단호박을 넣어 건강을 담아보았어요. 단호박은 눈 건강과 감기 예방에 좋고, 적은 열량에 식이섬유가 풍부해 다이어트나 변비예방에도 아주 좋아요. 부드러운 앙금에 단호박을 넣었기 때문에 단호박을 먹지 않던 아이들도 맛있게 먹을 수 있답니다.

재료

백앙금	300g	아몬드가루	60g
달걀노른자	1개	단호박	130g(1/2통)

단호박을 깨끗이 씻어 적당한 크기로
잘라 그릇에 담고 랩을 씌운 뒤 전자
레인지에 2~3분 정도 돌려 익힙니다.

잘 익은 단호박의 껍질을 제거하고 포
테이토 매셔나 포크로 으깹니다.

볼에 백앙금을 넣고 부드럽게 풀다가
달걀노른자를 넣고 섞습니다.

으깬 단호박을 넣고 골고루 잘 섞습
니다.

체 친 아몬드가루를 섞어 반죽을 마무
리합니다.

상투깍지를 낀 짤주머니에 반죽을 넣
습니다.

유산지를 깐 팬에 반죽을 일정한 크
기로 짠 뒤 180℃로 예열한 오븐에서
13~15분간 구운 후 식힘망에 올려 식
히면 완성입니다.

TIP

단호박 껍질은 익힌 후 벗겨내면 수월하게 제거할 수 있어요.

플로랑탱 쿠키

플로랑탱은 '피렌체의 것'이라는 뜻으로 피렌체 메디치가의 딸이 프랑스의 앙리 2세와 결혼하면서 가져와 널리
알려졌다고 해요. 이 쿠키는 바삭한 쿠키 위에 달콤한 아몬드 필링을 올려 굽는 것이 특징인데요. 아몬드 필링의
당을 낮추고, 반죽은 버터 크림화를 하지 않고 식물성 유지로 간편하게 구워봤어요. 그동안 칼로리가 걱정되어 못
드셨다면 칼로리를 낮춘 플로랑탱 쿠키를 구워보세요.

분량 5.5cm 9개

오븐 180℃ 8~10분
180℃ 10~15분

휴지 1시간

재료

				• 필링	
카놀라유	50g	달걀	25g	생크림	40g
설탕	55g	박력분	160g	버터	35g
소금	1g	베이킹파우더	2g	설탕	35g
				꿀	40g
				아몬드 슬라이스	65g

볼에 카놀라유와 설탕, 소금을 넣어 섞다가 미리 풀어놓은 달걀을 넣고 분리되지 않도록 잘 섞습니다.

체 친 박력분과 베이킹파우더를 넣고 주걱으로 잘 섞습니다.

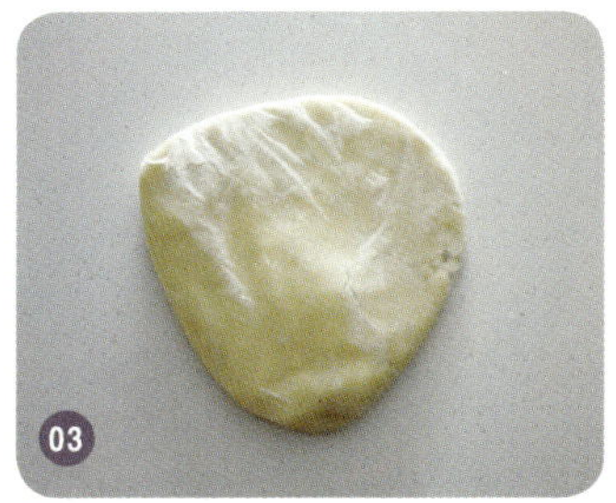

반죽을 랩이나 비닐로 감싸 냉장실에서 1시간 동안 휴지시킵니다.

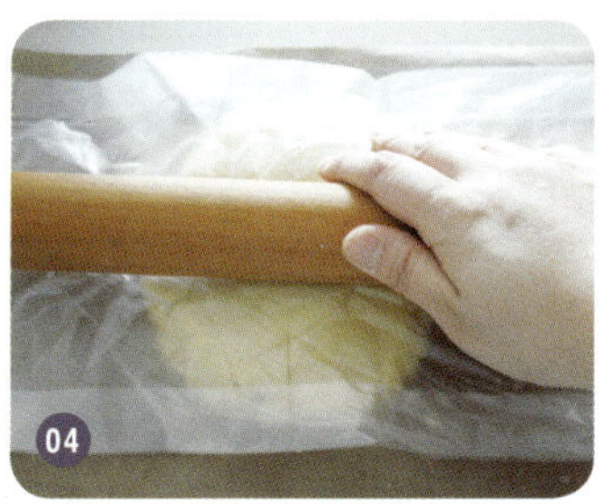

작업대에 덧가루를 뿌리고 휴지한 반죽을 두께 3~5mm(25cm×30cm)로 밀어줍니다. 반죽 위에 비닐을 깔고 밀면 조금 더 편리합니다.

오븐 팬에 유산지나 테프론시트지를 깔고 반죽을 올려 포크로 구멍을 냅니다. 180℃로 예열한 오븐에서 8~10분간 구운 후 식힘망에 올려 식힙니다.

필링을 만듭니다. 냄비에 버터와 생크림, 설탕, 꿀을 넣고 끓입니다.

거품이 올라오며 바글바글 끓으면 아몬드 슬라이스를 넣고 끓입니다. 어느 정도 섞다가 곧바로 불에서 내립니다.

가장자리 1~2cm는 남겨두고 쿠키 위에 아몬드 필링을 올립니다. 180℃로 예열한 오븐에서 10~15분간 캐러멜색이 나도록 구운 후 식힘망에 올려 식히면 완성입니다.

적당히 식으면 예쁘게 자릅니다. 너무 뜨겁거나, 너무 식으면 예쁘게 잘리지 않으니 주의합니다.

TIP

필링을 올려 구울 때 플로랑탱이 흘러넘칠 수 있으니 사각틀이 있으면 사각틀에 맞춰 굽고, 없다면 일반 쿠키팬에 패닝해 구워요.

참깨 피낭시에

피낭시에는 금융가를 뜻하는 불어로, 파리 증권가의 한 빵집에서 금괴모양으로 만든 구움과자에서 유래되었다고
해요. 고급스러운 맛의 피낭시에에 참깨와 검은깨를 함께 사용해 보기에도 좋고, 건강에도 좋은 훌륭한 디저트가
탄생했어요. 깨가 쏟아지는 금괴로 마음 속 부자가 되어 볼까요?

재료

버터	120g	달걀흰자	155g	베이킹파우더	1g
설탕	85g	박력분	45g	참깨	20g
꿀	20g	아몬드가루	85g	토핑용 참깨	적당량

냄비에 버터를 넣고 갈색이 나도록 끓여 준비합니다.

달걀흰자를 볼에 넣고 멍울이 없도록 풀어준 뒤 설탕과 꿀을 넣고 섞습니다.

체 친 박력분과 아몬드가루, 베이킹파우더를 넣고 주걱으로 잘 섞습니다.

녹인 버터를 체로 걸러 조금씩 넣으면서 섞습니다.

참깨를 반죽에 넣고 잘 섞습니다.

반죽을 랩이나 비닐로 싸서 냉장실에서 30분~1시간 동안 휴지시킵니다.

짤주머니에 반죽을 넣고, 버터를 칠한 피낭시에 틀에 80% 정도 채웁니다.

토핑용 참깨를 조금 올리고 180℃로 예열한 오븐에서 10~12분간 구운 후 식힘망에 올려 식히면 완성입니다.

블루베리 오트밀 쿠키

아침식사 대용으로 이미 많은 사람들이 즐기고 있는 오트밀은 식이섬유가 풍부하고 칼로리가 낮아 다이어트에 참 좋죠. 이렇게 좋은 오트밀에 블루베리와 코코넛가루를 넣어 쿠키로 만들면 아이들도 잘 먹는답니다. 참! 오트밀을 너무 많이 넣으면 질깃한 식감이 생기니 참고하세요.

분량 6.5cm 16개
오븐 175℃ 8~10분

재료

카놀라유	60g	박력분	80g	오트밀	100g
황설탕	65g	코코넛파우더	50g	건블루베리	50g
달걀	1/2개	베이킹소다	1/2ts		

오트밀은 170℃로 예열한 오븐에서 5~10분간 구워 준비합니다.

카놀라유와 황설탕을 볼에 넣고 잘 섞습니다.

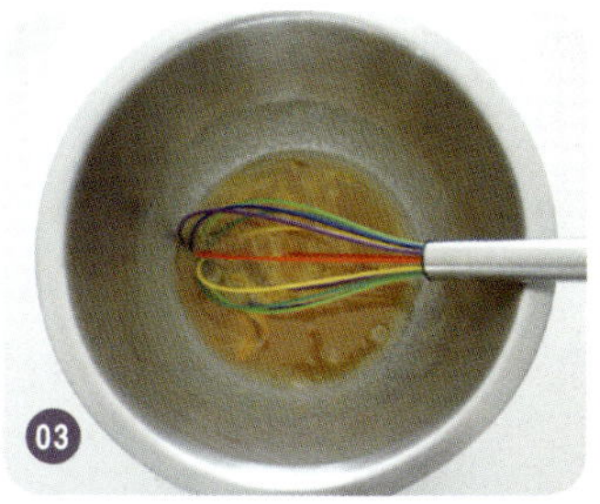

미리 풀어놓은 달걀을 넣고 섞습니다.

체 친 박력분, 코코넛파우더, 베이킹소다를 넣고 주걱으로 잘 섞습니다.

오트밀과 블루베리를 넣고 잘 섞습니다.

반죽을 28g씩 분할하고 둥글리기 한 후 유산지를 깐 팬에 일정한 간격으로 올립니다.

손으로 반죽을 지그시 누르고, 175℃로 예열한 오븐에서 8~10분간 구운 후 식힘망에 올려 식히면 완성입니다.

TIP

오트밀은 오븐에서 10분 정도 구워 반죽에 넣으면 풍미도 좋고, 고소해져요.

아마씨 쿠키

아마씨는 '생명을 살리는 씨앗'이라고 불릴 정도로 여러 질병을 예방하는데 탁월한 효능을 보이고 있는데요. 몸에 좋은 아마씨를 맛도 좋게 먹기 위해 쿠키로 만들었어요. 바삭한 쿠키 속에 톡톡 씹히는 아마씨가 먹는 재미까지 선사한답니다. 아마씨 쿠키를 정성스럽게 구워서 부모님께 선물해 드리는 건 어떨까요?

분량 7cm 11개

오븐 170℃ 7~8분

🥄 재료

카놀라유	60g	박력분	45g	아마씨	95g
황설탕	35g	베이킹소다	2g	건포도	20g
달걀	25g				

01

카놀라유와 황설탕을 볼에 넣고 잘 섞습니다.

02

미리 풀어놓은 달걀을 넣고 섞습니다.

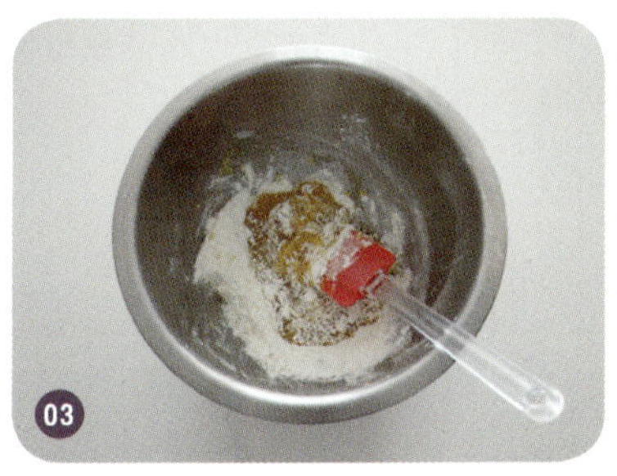

03

체 친 박력분과 베이킹소다를 넣고 주걱으로 잘 섞습니다.

04

반죽에 아마씨를 넣고 뭉치지 않도록 주걱으로 잘 섞습니다.

05

건포도를 넣고 섞어 반죽을 마무리합니다.

06

반죽을 약 24g씩 분할해 유산지를 깐 팬에 올리고 170℃로 예열한 오븐에서 7~8분간 구운 후 식힘망에 올려 식히면 완성입니다.

유자 쿠키

상큼하고 달콤한 유자청을 넣은 쿠키에요. 가볍고 산뜻하게 즐기기 좋아 레몬차나 유자차와 함께 먹으면 더 맛있어요. 겉은 바삭, 속은 쫀득한 쿠키인데, 바삭한 식감이 좋으면 굽는 시간을 조금 더 늘리면 돼요. 나른한 오후에 상큼한 유자 쿠키로 일상에 활력을 불어넣어 보세요.

재료

카놀라유	45g	레몬즙	1ts	베이킹파우더	1g
유자청	80g	박력분	90g	토핑용 슈가파우더	적당량
달걀노른자	1개	아몬드가루	35g		

카놀라유와 유자청을 볼에 넣고 잘 섞습니다.

달걀노른자를 넣고 섞습니다.

레몬즙을 넣고 섞습니다.

체 친 박력분과 아몬드가루, 베이킹파우더를 넣고 주걱으로 잘 섞습니다.

반죽을 랩이나 비닐로 감싸 냉장고에서 30분~1시간 동안 휴지시킵니다.

유산지를 깐 팬에 반죽을 19g씩 분할해 납작하게 누르고 슈가파우더를 체 쳐서 뿌립니다. 175℃로 예열한 오븐에서 10~12분간 구운 후 식힘망에 올려 식히면 완성입니다.

아몬드 슬라이스 쿠키

버터와 계란이 들어가지 않아서 채식(비건, Vegan)주의자 분들도 드실 수 있는 가벼운 쿠키에요. 만드는 방법이 정말 쉽고 간단해 누구나 금방 만들 수 있답니다. 쿠키 안에는 아몬드 슬라이스가 가득 들어 있어서 한 입 깨물 때마다 입 안에 고소함이 가득 퍼져요.

재료

카놀라유	45g	박력분	95g	토핑용 아몬드 슬라이스	적당량
황설탕	35g	아몬드 슬라이스	35g		

카놀라유와 황설탕을 볼에 넣고 잘 섞습니다.

체 친 박력분을 넣고 주걱으로 잘 섞습니다.

아몬드 슬라이스를 넣고 섞어 반죽을 마무리합니다.

반죽을 약 24g씩 분할해 유산지를 깐 팬에 올립니다. 170℃로 예열한 오븐에서 7~8분간 구운 후 식힘망에 올려 식히면 완성입니다.

TIP

쿠키를 굽고 나서는 부서지기 쉬우니 오븐 팬에서 한 김 식힌 후에 이동해주세요.

크랜베리 쇼트브레드 쿠키

바삭보다 한층 더 강한, "파삭"한 식감이 특징인 스코틀랜드식 쿠키입니다. 쇼트브레드는 반죽을 쿠키커터로 찍은 후 굽기도 하고, 원형틀에 넣어 구워서 피자처럼 잘라 먹기도 하는데요. 시력 개선과 항산화 효과가 있는 크랜베리를 넣어 건강함을 챙겨 본 쿠키, 우유 한 잔과 함께 간식으로 너무 좋아요.

재료

버터	100g	소금	1g	건크랜베리	35~40g
설탕	45g	박력분	150g	럼(따뜻한 물)	적당량

크랜베리는 럼이나 따뜻한 물에 1시간 이상
불려 준비합니다.

체 친 박력분과 설탕, 소금을 볼에 넣고 잘
섞습니다.

버터는 작게 깍둑썰기해 볼에 넣고 스크래
퍼로 자르듯이 섞어 손으로 비볐을 때 포슬
포슬한 상태로 만듭니다.

버터가 가루처럼 포슬포슬해지면 반죽을 손
으로 꼭 쥐어 뭉쳐 한 덩어리로 만듭니다.
버터가 녹지 않도록 빠르게 작업합니다.

종이호일이나 유산지를 깐 사각틀에 반죽을
넣고, 크랜베리를 올려 손으로 꾹꾹 눌러
폅니다. 포크나 꼬치로 반죽에 구멍을 뚫은
후 170℃로 예열한 오븐에서 25〜30분간
굽고, 따뜻할 때 칼로 자르면 완성입니다.

WICKER ROCKING

Part 4
티타임 쿠키

얼그레이 다쿠아즈

다쿠아즈는 달걀흰자로 만들어서 쫀득쫀득하고 폭신폭신한 프랑스의 대표적인 과자로 머랭 케이크라고도 해요.
고소한 아몬드가루와 달콤하고 부드러운 크림이 입 안에서 사르르 녹아 기분을 UP 시켜준답니다. 더운 여름날
차갑게 보관해 차와 함께 먹으면 더할 나위 없이 즐거운 티타임이 될 거에요.

분량 4cm×6cm 8개

오븐 175℃ 10~14분

재료

달걀흰자	120g	박력분	15g	• 필링	
설탕	30g	아몬드가루	80g	버터	100g
슈가파우더	65g	얼그레이	2g	슈가파우더	20g
		데코용 슈가파우더	적당량	다크초콜릿	25g

달걀흰자를 볼에 넣고 거품을 올린 뒤, 설탕을 여러 번 나눠 넣으면서 고속으로 휘핑해 단단한 머랭을 만듭니다.

체 친 박력분과 아몬드가루, 슈가파우더를 넣고 주걱으로 빠르게 잘 섞습니다.

얼그레이를 넣고 재빠르게 섞습니다.

유산지를 깐 오븐 팬에 다쿠아즈 틀을 올리고 반죽을 채운 후 스크래퍼로 윗면을 평평하게 깎아 정리합니다.

다쿠아즈 틀을 살살 들어 올려 분리한 후 반죽 위에 슈가파우더를 체 쳐 뿌립니다. 오븐에 넣기 직전 한 번 더 뿌리고 175℃로 예열한 오븐에서 10~14분간 구운 후 식힘망에 올려 식힙니다.

실온에 두었던 버터를 부드럽게 풀어준 뒤 슈가파우더를 넣고 섞다가 중탕으로 녹인 다크초콜릿을 넣어 필링을 만듭니다.

깍지를 낀 짤주머니에 완성된 필링을 담고 한 쌍의 다쿠아즈 한 쪽 면에 짭니다.

나머지 한 쪽의 다쿠아즈를 올려 샌딩하고, 냉장고에 차갑게 보관하면 완성입니다.

말차 사블레

바삭하면서도 달콤한 사블레는 오후 티타임의 커피나 홍차와 잘 어울리는 쿠키죠. 쌉싸름한 말차와 달콤한 화이트초코칩을 넣어 구웠더니 달콤쌉싸름한 맛이 일품이에요. 선명하고 예쁜 색을 내기엔 말차가 최고지만, 말차의 진한 맛이 부담스럽다면 녹차를 넣어 만들어도 아주 좋아요.

분량 4.5cm 32개
오븐 175℃ 10~12분

재료

버터	130g	달걀노른자	2개	• 토핑	
슈가파우더	80g	박력분	220g	달걀흰자	적당량
소금	1g	말차가루	8g	설탕	적당량
		화이트초코칩	50g		

실온의 말랑한 버터를 볼에 넣고 부드럽게 풀어줍니다.

슈가파우더와 소금을 넣어 잘 섞습니다.

달걀노른자를 1개씩 넣고 섞습니다.

체 친 박력분과 말차가루를 넣고 주걱으로 잘 섞습니다.

화이트초코칩을 넣고 섞어 반죽을 마무리합니다. 일반 초코칩을 넣어도 됩니다.

반죽을 동그란 원기둥 모양으로 만들어 랩이나 비닐로 감싸 랩심에 넣고, 냉동실에서 1~2시간 정도 굳힙니다.

냉동실에서 꺼낸 반죽 표면에 달걀흰자를 바르고 설탕에 굴려가며 묻힙니다.

반죽을 0.8~1cm 두께로 자른 후 유산지를 깐 팬에 일정한 간격으로 올립니다. 175℃로 예열한 오븐에서 10~12분간 구운 후 식힘망에 올려 식히면 완성입니다.

치즈케이크 쿠키

겉은 평범해 보이는 쿠키지만 한 입 깨물면 속에 치즈 필링이 숨겨져 있어 입 안 가득 치즈가 퍼지는 치즈케이크 쿠키입니다. 냉장고에 보관해 차갑게 먹으면 더욱 맛있는데요. 부드러운 식감이라 식사대용으로 하나씩 집어 먹어도 좋고, 커피나 우유와 함께 해도 좋아요.

재료

버터	100g	달걀노른자	1개	• 필링		
슈가파우더	70g	바닐라오일	1/2ts	크림치즈	200g	
소금	1g	박력분	180g	설탕	45g	
		베이킹소다	2g	달걀노른자	2개	
				생크림	20g	

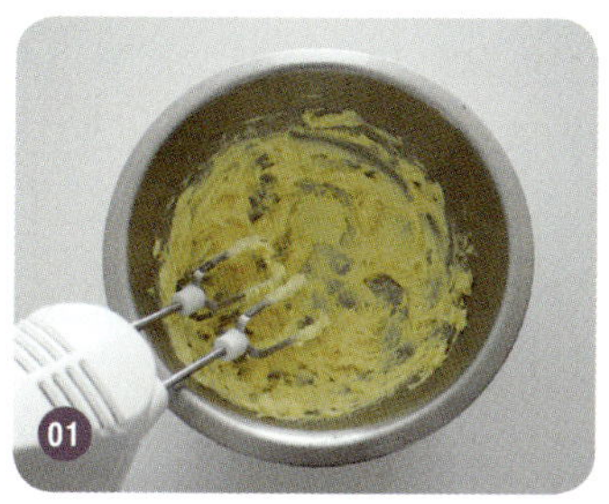

실온의 말랑한 버터를 볼에 넣고 부드 럽게 풀어줍니다.

슈가파우더와 소금을 넣어 잘 섞다가 달걀노른자를 넣고 섞은 후 바닐라오 일을 넣습니다.

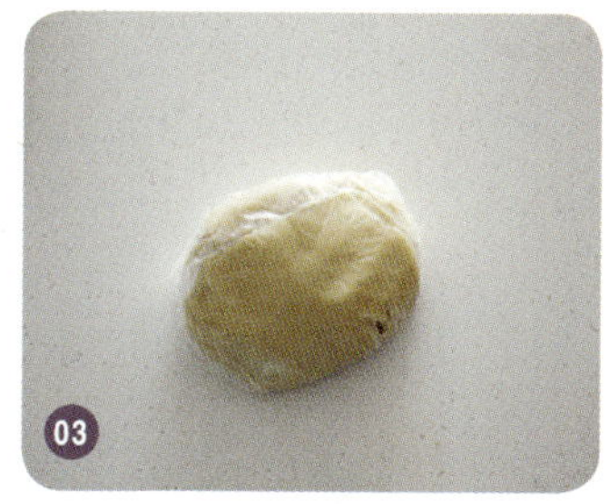

체 친 박력분과 베이킹소다를 넣고 주 걱으로 잘 섞은 후 랩이나 비닐로 감 싸 냉장실에서 30분~1시간 동안 휴 지시킵니다.

필링을 만듭니다. 크림치즈를 부드럽 게 풀고 설탕을 섞은 뒤 달걀노른자를 넣고 섞습니다.

생크림을 조금씩 부어가면서 섞어 필 링을 마무리합니다.

작업대에 덧가루를 뿌리고 휴지한 반 죽을 3~4mm 두께로 민 뒤, 동그란 모양틀로 찍어냅니다.

찍어낸 반죽을 머핀틀에 하나씩 넣습 니다.

필링을 짤주머니에 담아 반죽 위에 가 득 짜줍니다.

필링 위를 쿠키 반죽으로 덮고, 175℃ 로 예열한 오븐에서 20~25분간 구운 후 식힘망에 올려 식히면 완성입니다.

헤이즐넛 비스코티

오독오독 씹어 커피랑 먹어야 제 맛인 비스코티, 반죽에도 커피시럽을 넣어 커피향을 더했어요. 고소한 헤이즐넛과 달콤한 초코칩은 어른들을 위한 보너스! 향으로 한 번, 식감으로 두 번 먹는 헤이즐넛 비스코티와 커피로 기분 좋은 오후 시간을 즐겨보세요.

분량 3cm×10cm 15개

오븐 170℃ 20분
150℃ 15~20분

재료

버터	50g	박력분	220g	• 커피시럽	
황설탕	60g	베이킹파우더	4g	인스턴트커피	5g
소금	1g	헤이즐넛	55g	따뜻한 물	10g
달걀	1개	초코칩	25g		

01 인스턴트커피와 따뜻한 물을 섞어 커피시럽을 준비합니다.

02 실온의 말랑한 버터를 볼에 넣고 부드럽게 풀어줍니다.

03 황설탕과 소금을 여러 번 나눠 넣으며 잘 섞습니다.

04 미리 풀어놓은 달걀을 조금씩 넣으면서 섞습니다.

05 체 친 박력분과 베이킹파우더를 넣고 주걱으로 50% 정도 섞은 후 커피시럽을 넣고 골고루 섞습니다.

06 헤이즐넛과 초코칩을 넣고 섞어 반죽을 마무리합니다.

07 반죽을 뭉쳐 23cm×10cm, 두께 1.5cm로 성형한 뒤 유산지를 깐 팬에 올려 170℃로 예열한 오븐에서 20분간 굽습니다.

08 한 김 식힌 후에 1cm 간격으로 쿠키를 자르고 유산지를 깐 팬에 일정한 간격으로 올려 150℃로 예열한 오븐에서 15~20분간 더 구운 후 식힘망에 올려 식히면 완성입니다.

누텔라 초코 쿠키

한 번도 안 먹은 사람은 있어도, 한 번만 먹은 사람은 없다는 '악마의 잼' 누텔라초코잼을 이용해 진한 초콜릿 쿠키를 만들어봤어요. 스트레스가 잔뜩 쌓여 당충전이 필요할 때는 이것만 한 게 없죠. 굽는 시간을 줄이면 쫀득하게, 늘리면 바삭하게 만들 수 있으니 취향에 따라 다양하게 즐겨보세요.

분량 5cm 21개

오븐 175℃ 8~10분

재료

버터	110g	바닐라오일	1ts	• 토핑	
백설탕	70g	중력분	210g	누텔라초코잼	적당량
황설탕	70g	베이킹소다	2g	초코칩	적당량
달걀	1개	누텔라초코잼	80g		
		초코칩	70g		

실온의 말랑한 버터를 볼에 넣고 부드
럽게 풀어줍니다.

누텔라초코잼을 넣어 버터와 함께 잘
풀어지도록 섞고, 백설탕과 황설탕, 소
금을 여러 번 나눠 넣으며 잘 섞습니다.

미리 풀어놓은 달걀을 조금씩 넣으면
서 섞다가 바닐라오일을 넣고 섞습니
다.

체 친 중력분과 베이킹소다를 넣고 주
걱으로 잘 섞습니다.

초코칩을 넣고 섞어 반죽을 마무리합
니다.

반죽을 30g씩 분할해 동그랗고 납작
하게 만듭니다.

토핑용 누텔라초코잼을 1ts씩 반죽에
넣고 오므립니다.

유산지를 깐 팬에 반죽을 올리고, 초
코칩을 적당량 올립니다. 175℃로 예
열한 오븐에서 8~10분간 구운 후 식
힘망에 올려 식히면 완성입니다.

코코넛 초코칩 스콘

티타임에 빼놓을 수 없는 쿠키가 있다면 아마 스콘이 아닐까 싶어요. 조금 뻑뻑하다 싶을 정도로 부슬부슬한 식감의 스콘에 따뜻한 홍차 한 잔이면 이보다 더 좋을 수는 없죠. 여기에 코코넛파우더와 초코칩을 넣어 고소하고 달콤한 풍미를 살렸더니 이게 바로 금상첨화네요. 나른한 오후, 코코넛 초코칩 스콘으로 기분전환을 해보는 건 어떨까요?

재료

버터	75g	우유	75g	베이킹파우더	6g
설탕	30g	박력분	200g	초코칩	60g
소금	2g	코코넛파우더	100g	달걀노른자 물	약간
달걀	1개				

01

달걀과 우유를 가볍게 섞어 준비합니다.

02

체 친 박력분과 코코넛파우더, 베이킹파우더를 볼에 담고, 설탕과 소금을 넣고 잘 섞습니다.

03

버터를 넣고 스크래퍼로 자르면서 섞어 손으로 비볐을 때 포슬포슬한 상태로 만듭니다.

04

섞어둔 달걀과 우유를 반죽에 넣고 주걱으로 잘 섞습니다.

05

초코칩을 넣고 고루 섞어 반죽을 마무리합니다.

06

반죽을 랩이나 비닐로 감싸 냉장실에서 1시간 동안 휴지시킵니다.

07

작업대에 덧가루를 뿌리고 휴지시킨 반죽을 올려 2cm 두께로 민 다음 원형틀로 찍어냅니다.

08

유산지를 깐 팬에 반죽을 올리고 달걀노른자 물을 바릅니다. 190℃로 예열한 오븐에서 10~15분간 구운 후 식힘망에 올려 식히면 완성입니다.

캐러멜 쿠키

캐러멜의 맛과 향이 솔솔 나는 달콤한 쿠키입니다. 단순해 보이지만 바삭하면서도 달콤한 맛에 계속 집어 먹게 되는 중독성이 강한 쿠키에요. 쌉쌀한 아메리카노와 아주 잘 어울리는 캐러멜 쿠키에 초코칩을 추가하면 또 다른 쿠키를 맛볼 수 있어요.

분량 7.8cm 20개
오븐 175℃ 12〜15분
휴지 1시간

재료

버터	100g	달걀	1개	베이킹소다	2g
백설탕	60g	중력분	240g	캐러멜크림(15p 참고)	90g
황설탕	40g				

실온의 말랑한 버터를 볼에 넣고 부드
럽게 풀어줍니다.

백설탕과 황설탕을 넣어 잘 섞습니다.

미리 풀어놓은 달걀을 조금씩 넣으면
서 섞습니다.

캐러멜크림을 넣고 섞습니다.

체 친 중력분과 베이킹소다를 넣고 주
걱으로 잘 섞은 후 랩이나 비닐로 감
싸 냉장실에서 1시간 동안 휴지시킵니
다.

반죽을 28g씩 분할해 동그랗게 만듭
니다.

반죽을 팬에 올리고, 손으로 납작하게
눌러 175℃로 예열한 오븐에서 12~15
분간 구운 후 식힘망에 올려 식히면
완성입니다.

티그레

티그레는 촉촉한 빵에 콕콕 박힌 초콜릿이 마치 호랑이 무늬를 닮았다고 해서 붙여진 이름이에요. 구움과자 중앙을 초콜릿으로 가득 채운 티그레는 만드는 과정이 피낭시에와 비슷하지만 맛은 아주 다르답니다. 가나슈는 취향에 따라 바꿀 수 있으니, 녹차를 좋아하시는 분들은 녹차 가나슈를 채워도 좋아요.

재료

버터	65g	달걀흰자	70g	• 가나슈	
설탕	45g	박력분	20g	다크커버춰초콜릿	30g
물엿	8g	아몬드가루	55g	생크림	30g
		다크초콜릿	35g		

다크초콜릿을 잘게 다져 준비합니다.

냄비에 버터를 넣고 갈색이 나도록 끓여 준비합니다.

볼에 달걀흰자를 넣고 풀어준 뒤 설탕과 물엿을 넣고 하얀 거품이 올라오도록 젓습니다.

체 친 박력분과 아몬드가루를 넣고 주걱으로 잘 섞습니다.

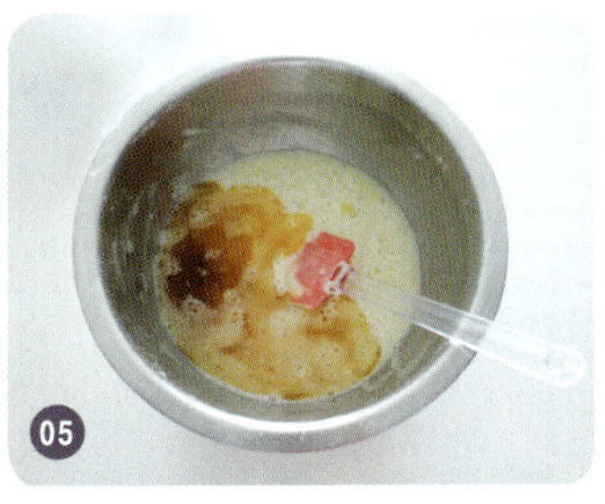

녹인 버터를 체에 걸러 조금씩 넣으면서 잘 섞습니다.

다진 다크초콜릿을 넣고 두어 번 섞습니다. 반죽을 랩이나 비닐로 싸서 냉장실에서 1시간 이상 휴지시킵니다.

미니 사바랭 틀에 버터를 칠하고, 짤주머니에 반죽을 넣어 틀에 90% 정도 채웁니다. 175℃로 예열한 오븐에서 20~25분간 구운 후 식힘망에 올려 식힙니다.

가나슈를 만듭니다. 냄비에 생크림을 넣어 데우다가 가장자리가 끓어오르면 불에서 내려 다크커버춰초콜릿을 넣고 주걱으로 저어가며 녹입니다.

티그레 중앙에 가나슈를 채운 후 굳히면 완성입니다.

레몬 로즈마리 마들렌

부드럽고 촉촉한 식감의 마들렌은 따뜻한 차나 커피와 함께 먹으면 입안에서 사르르 녹아 정말 맛있는 쿠키에요.
여기에 향긋한 로즈마리와 상큼한 레몬을 넣어 진한 향을 느낄 수 있도록 만들었더니 혼자 먹기엔 너무 아깝더라
고요. 맛을 물론이고, 예쁜 가리비 모양으로 보는 즐거움까지 있는 레몬 로즈마리 마들렌을 정성스럽게 구워 주변
사람들에게 선물해 보는 건 어떨까요?

재료

버터	100g	레몬즙	1Ts	• 글레이즈	
설탕	80g	박력분	110g	슈가파우더	100g
꿀	20g	베이킹파우더	3g	레몬즙	30g
달걀	100g	로즈마리	2ts	레몬제스트	1Ts

로즈마리를 칼로 다져 준비합니다.

냄비에 버터를 넣고 갈색이 나도록 끓여 준
비합니다.

볼에 달걀을 넣고 멍울이 없도록 살살 푼
후 설탕과 꿀을 넣고 섞습니다.

레몬즙을 넣고 섞습니다.

체 친 박력분과 베이킹파우더를 넣고 주걱
으로 잘 섞습니다.

녹인 버터를 체에 걸러 조금씩 넣으면서 잘
섞습니다.

다진 로즈마리를 넣고 섞습니다.

반죽을 랩이나 비닐로 싸서 냉장실에서 30
분~1시간 동안 휴지시킵니다.

마들렌 틀에 버터를 칠하고, 짤주머니에 반
죽을 넣어 틀에 80% 정도 채웁니다. 180℃
로 예열한 오븐에서 10~12분간 구운 후 식
힘망에 올려 식힙니다.

글레이즈를 만듭니다. 레몬즙에 슈가파우더
를 넣고 주걱으로 잘 섞어서 녹입니다.

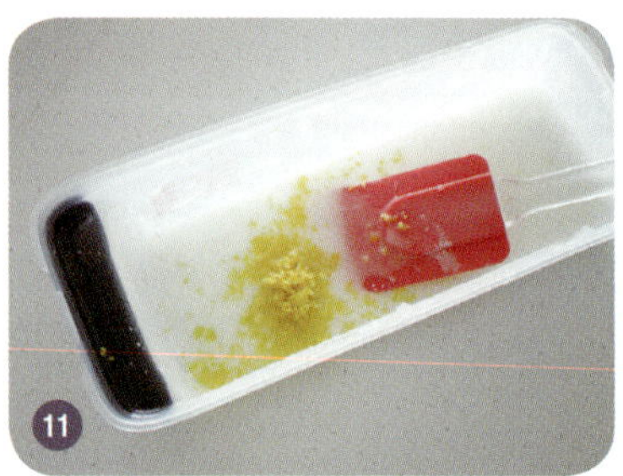

레몬제스트를 넣고 섞습니다.

식힌 마들렌 위에 글레이즈를 묻혀 실온에
서 굳힙니다. 굳힌 후 한 번 더 글레이즈를
입히면 완성입니다.

Honolulu Cookie
COMPANY®
PREMIUM SHORTBREAD COOKIES
NET WT 2.8 OZ (79g)
とても幸せ~~

Part 5
유명한 쿠키

뉴욕타임즈 초코칩 쿠키

뉴욕타임즈에 소개되어 인기 최고인 이 쿠키는 인내심을 가지고 오랜 시간 숙성해야 쫀득한 쿠키로 만들 수 있어요. '인내는 쓰고 열매는 달다' 했던가요? 맛있는 쿠키를 위해서 그 정도 기다림은 아무것도 아니죠. 스트레스를 받는 일이 있다면 커피 한 잔과 인내심이 만든 뉴욕타임즈 초코칩 쿠키 한 개로 스트레스를 날려버리세요.

분량 9cm 20개
오븐 180℃ 10~13분
휴지 24~72시간

🥄 재료

버터	150g	달걀	1개	베이킹소다	2g
백설탕	90g	바닐라오일	1ts	베이킹파우더	3g
황설탕	115g	박력분	130g	초코칩	225g
소금	2g	강력분	130g		

01 실온의 말랑한 버터를 볼에 넣고 부드럽게 풀어줍니다.

02 백설탕과 황설탕, 소금을 넣어 잘 섞습니다.

03 미리 풀어놓은 달걀을 조금씩 넣으면서 섞습니다.

04 바닐라오일을 넣고 섞습니다.

05 체 친 박력분과 강력분, 베이킹소다, 베이킹파우더를 넣고 주걱으로 잘 섞습니다.

06 초코칩을 넣고 섞어 반죽을 마무리합니다.

07 뭉쳐진 반죽을 랩이나 비닐로 감싸 냉장실에서 최소 24~72시간 동안 휴지시킵니다.

08 반죽을 45g씩 분할해 유산지를 깐 팬에 올린 후 손으로 납작하게 누릅니다. 180℃로 예열한 오븐에서 10~13분간 구운 후 식힘망에 올려 식히면 완성입니다.

하와이 호놀룰루 쿠키

호놀룰루 쿠키는 하와이로 여행가면 꼭 사오게 되는 대표적인 쿠키에요. 귀여운 파인애플 모양에 다양한 맛으로 인기가 많은 호놀룰루 쿠키는 국내에 파는 곳이 드물어, 없어서 못먹는 귀한 쿠키가 되었는데요. 없으면 직접 만들어야겠죠? 초콜릿을 입히고 다양한 토핑을 올려 나만의 하와이 쿠키를 만들어보세요.

분량 2.5cm×4.5cm 48개
오븐 175℃ 10~12분
휴지 1시간

재료

버터	90g	바닐라오일	1/2ts	• 토핑	
설탕	90g	중력분	160g	화이트초콜릿	50g
소금	1g	코코넛가루	40g	다크초콜릿	50g
달걀	1개			건조파인애플	적당량
				코코넛 슬라이스	적당량

실온의 말랑한 버터를 볼에 넣고 부드 럽게 풀어준 뒤 설탕과 소금을 넣어 잘 섞습니다.

미리 풀어놓은 달걀을 조금씩 넣으면 서 섞은 후 바닐라오일을 섞습니다.

체 친 중력분과 코코넛가루를 넣고 주 걱으로 잘 섞습니다.

뭉쳐진 반죽을 랩이나 비닐로 감싸 냉 장실에서 1시간 동안 휴지시킵니다.

작업대에 덧가루를 뿌리고 휴지한 반 죽을 0.8cm~1cm 두께로 밀어줍니 다. 비닐 사이에 반죽을 놓고 밀면 달 라붙지 않아 편리합니다.

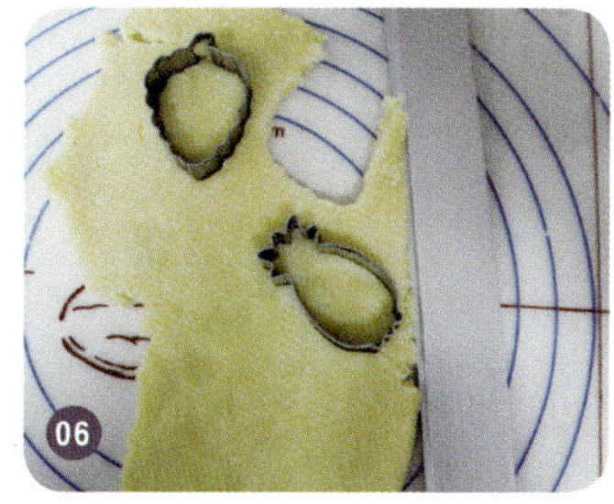

파인애플 모양 쿠키틀로 반죽을 찍어 냅니다.

유산지를 깐 팬에 반죽을 일정한 간격 으로 올리고 건조파인애플을 올려 지 그시 눌러줍니다. 175℃로 예열한 오 븐에서 10~12분간 구운 후 식힘망에 올려 식힙니다.

화이트초콜릿과 다크초콜릿을 중탕으 로 녹인 후 쿠키의 반만 담가 초콜릿 을 입힙니다. 초콜릿이 굳기 전에 코 코넛 슬라이스를 약간 뿌리면 완성입 니다.

TIP

풍미가 강한 발효버터를 사용하 면 쿠키의 맛이 더 좋아져요. 반죽 마지막 과정에서 건조파 인애플을 40~45g 정도 섞으면 상큼 쫀득한 맛이 배가 돼요.

전주 초코파이

60여 년이 넘도록 인기를 이어 온 전주의 명물, 수제 초코파이입니다. 한 입 베어 물면 고소한 호두가 씹히고, 부드러운 크림과 딸기잼이 다크초콜릿과 조화를 이루면서 기분 좋게 녹아들어요. 원조 초코파이보다 작은 크기로 만들면 우유와 함께 간식으로 먹기 좋아요.

분량 6cm 7개

오븐 180℃ 10～12분

재료

버터	50g	박력분	100g	• 토핑	
설탕	75g	코코아가루	20g	다크초콜릿	80g
달걀	1개	호두분태	15g	생크림	70g
우유	40g			설탕	5g
				딸기잼	적당량

01

실온의 말랑한 버터를 볼에 부드럽게
풀어준 뒤 설탕을 넣어 잘 섞습니다.

02

미리 풀어놓은 달걀을 조금씩 넣으면
서 섞습니다.

03

체 친 박력분과 코코아가루를 넣어 주
걱으로 잘 섞은 뒤, 우유를 넣고 섞습
니다.

04

호두분태를 넣고 섞습니다.

05

짤주머니에 반죽을 담고 4.5cm 원형
으로 팬에 일정한 간격으로 짭니다.
180℃로 예열한 오븐에서 10~12분간
구운 후 식힘망에 올려 식힙니다.

06

차가운 생크림을 볼에 담아 거품을 올
리면서 설탕을 넣어 뾰족한 뿔이 설
정도로 휘핑합니다.

07

쿠키를 2개씩 짝짓고, 한 쪽에 생크림
을 원으로 짜고, 가운데에 딸기잼을
올립니다. 그 위에 과자를 덮고, 냉장
실에 1시간 정도 보관해 크림을 굳힙
니다.

08

다크초콜릿을 중탕으로 녹여 굳힌 쿠
키에 입힌 후 냉장고에서 식히면 완성
입니다.

홍콩 마약 쿠키

긴 줄을 기다려야만 맛 볼 수 있는 홍콩의 제니베이커리 쿠키는 중독성이 강한 맛이라 일명 '마약 쿠키'로 불려요. 마약 쿠키를 만들려면 호주 청정 지역의 우유만으로 만들어 풍미가 좋은 골든천버터를 사용해야만 그 맛을 재현할 수 있답니다. 원조 마약 쿠키 모양으로 만들어도 좋고 원하는 다른 모양으로 만들어도 좋으니 직접 만들어볼까요?

재료

골든천버터	100g	박력분	85g	탈지분유	10g
슈가파우더	25g	옥수수전분	25g	생크림	1Ts
소금	1g				

01

실온의 말랑한 골든천버터를 볼에 넣고 풀어줍니다.

02

슈가파우더와 소금을 넣어 잘 섞습니다.

03

체 친 박력분과 탈지분유, 옥수수전분을 넣고 주걱으로 대강 섞습니다.

04

생크림을 넣어 반죽을 마무리하고 별깍지를 낀 짤주머니에 담습니다.

05

유산지를 깐 팬에 반죽을 일정한 간격으로 높이감 있게 돌려 짜고, 175℃로 예열한 오븐에서 9~12분간 구운 후 식힘망에 올려 식히면 완성입니다.

TIP

생크림 대신 우유를 사용해도 돼요. 쿠키가 퍼질 수 있으니 크림화 과정을 너무 오래 하지 마세요.

시가렛 쿠키

담배모양을 닮아 '시가렛'이라는 이름이 붙은 러시아 과자입니다. 일본에서도 선물용으로 많이 사는 과자인데요.
시가렛 쿠키는 최대한 얇게 반죽을 펴서 뜨거울 때 돌돌 말아야 바삭바삭해요. 버터맛이 강한 쿠키이므로 이왕이
면 풍미 좋은 버터를 사용해주세요.

분량 2cm×8cm
15~17개

오븐 165~170℃
6~8분

재료

녹인 버터	45g	달걀흰자	60g	바닐라오일	1/4Ts
설탕	75g	박력분	35g		

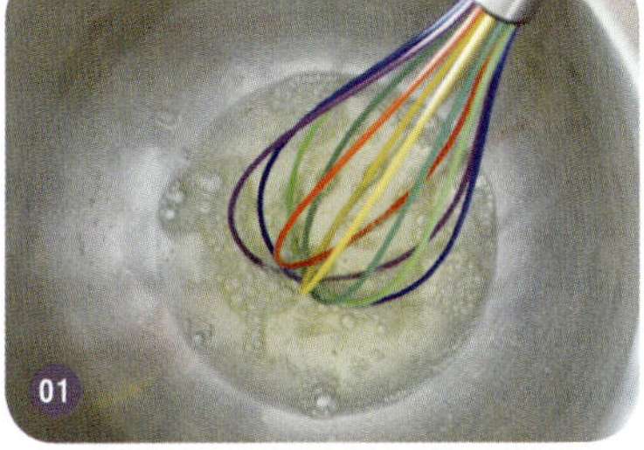

달걀흰자를 볼에 넣고 멍울을 풀어줍니다.

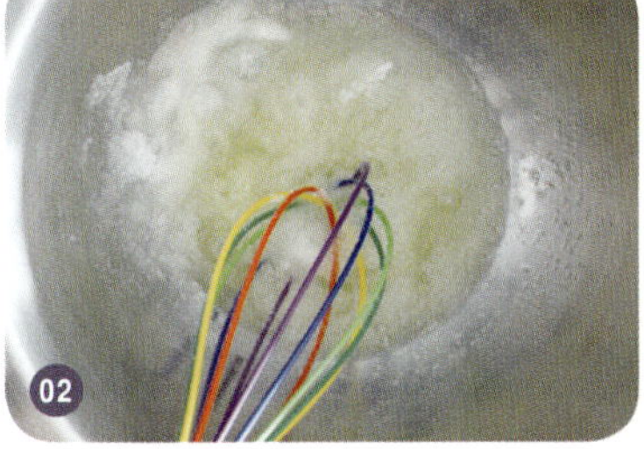

설탕을 넣어 잘 섞습니다.

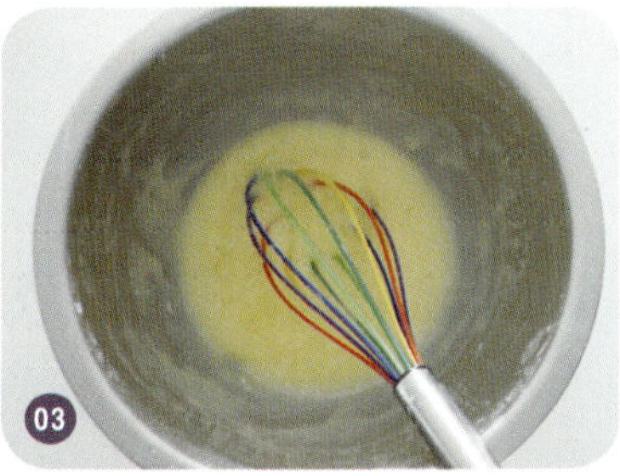

체 친 박력분을 넣고 거품기로 섞습니다.

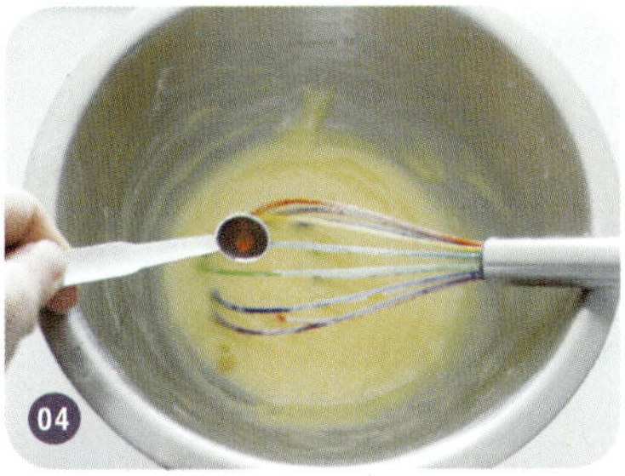

전자레인지에 1분간 돌려 녹인 버터를 넣고 섞은 뒤 바닐라오일을 넣어 마무리합니다.

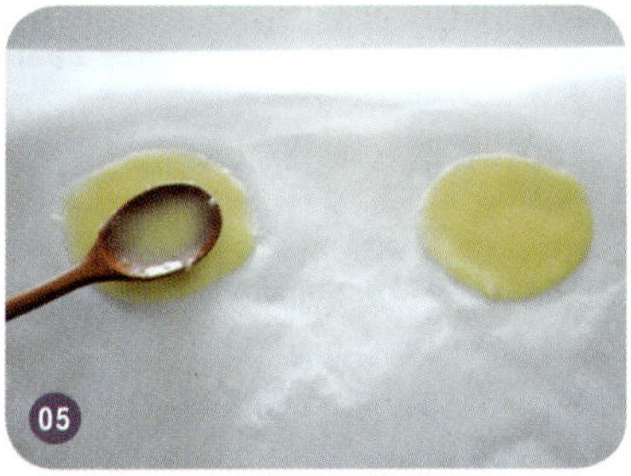

팬에 테프론시트지나 유산지를 깔고 수저로 반죽을 지름 8cm 정도의 원형으로 최대한 얇게 폅니다.

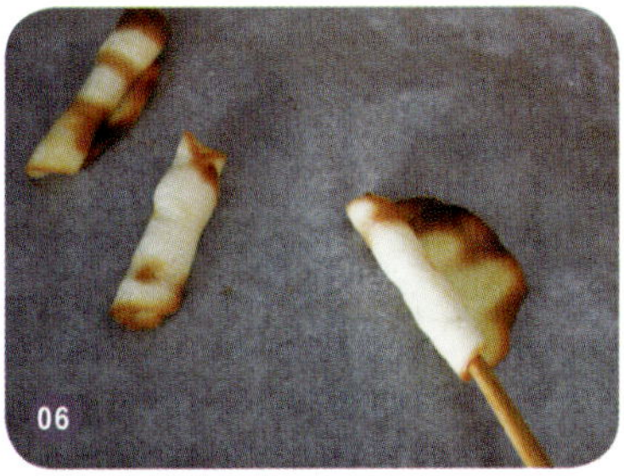

165~170℃로 예열한 오븐에서 6~8분간 구운 후 오븐 문을 열어 젓가락을 이용해 재빨리 돌돌 말고, 식힘망에 올려 식히면 완성입니다. 아주 뜨거우니 깨끗한 목장갑을 끼고 돌돌 말아줍니다.

버터링 쿠키

슈퍼에 가면 버터링 쿠키는 항상 빼놓지 않고 사오는데요. 단순하면서도 부드러운 맛에 저도 모르게 끌리는 것 같아요. 기본적인 버터링 쿠키에 코코아가루를 넣어 초코버터링으로 만들면 인기 만점 쿠키가 되고요. 달지 않고 고소하게 만들거나, 누텔라초코잼을 발라 달콤하게 만들어도 좋아요.

분량 5cm 23개
오븐 175℃ 10~12분

재료

버터	145g	소금	1g	바닐라오일	1ts
슈가파우더	70g	달걀	1개	박력분	160g
				아몬드가루	40g

실온의 말랑한 버터를 볼에 넣고 풀어줍니다.

슈가파우더와 소금을 넣어 잘 섞습니다.

미리 풀어놓은 달걀을 조금씩 넣으면서 섞습니다.

바닐라오일을 넣고 섞습니다.

체 친 박력분과 아몬드가루를 넣고 주걱으로 잘 섞습니다.

반죽을 별 깍지를 낀 짤주머니에 담아 팬에 일정한 크기로 짭니다. 175℃로 예열한 오븐에서 10~12분간 구운 후 식힘망에 올려 식히면 완성입니다.

연유 러스크

일본에 놀러 가면 꼭 사온다는 갸또러스크. 파사삭 부서지는 식감에 달콤한 설탕이 뿌려져 있어 자꾸만 손이 가는데요. 적은 양에 아쉬웠다면 직접 만들어보도록 해요. 말랑한 바게트에 연유와 버터를 듬뿍 발라 굽고, 그 위에 달콤한 화이트초콜릿을 올리니 파는 것 못지않죠? 우리가 알고 있던 일반적인 식빵 러스크와 달라서 선물용으로도 안성맞춤이에요.

분량 5cm×8cm 8개
오븐 175℃ 10~12분

재료

버터	40g	꿀	15g	• 토핑	
연유	25g	바게트	8조각	화이트초콜릿	100g

실온의 말랑한 버터를 그릇에 넣고 연유와
꿀을 넣어 잘 섞습니다.

바게트를 1.5cm 두께로 자릅니다.

바게트 양면에 연유버터를 골고루 바릅니
다.

175℃로 예열한 오븐에서 10~12분간 구운
후 식힘망에 올려 식힙니다.

화이트초콜릿을 중탕으로 녹입니다.

식힌 러스크 위에 녹인 화이트초콜릿을 한
쪽만 발라 굳히면 완성입니다.

특별한 레시피를 원하는 홈베이커들을 위한

럭셔리 홈베이킹 시리즈

각 분야의 소문난 실력자들만 모았습니다.
전문가들의 특급 노하우와 숨겨진 특별 레시피를 공개합니다.
완벽한 베이킹을 꿈꾸는 홈베이커들을 위한
비밀 베이킹 북, 럭셔리 홈베이킹 시리즈에서 만나보세요.